厚基础·促应用·强交叉

人工智能人才培养新形态精品教材

人工智能通识基础

西安电子科技大学人工智能学院◎编著

焦李成◎主编

侯彪 杨淑媛 刘芳 马文萍 张丹◎副主编

General Fundamentals of Artificial Intelligence

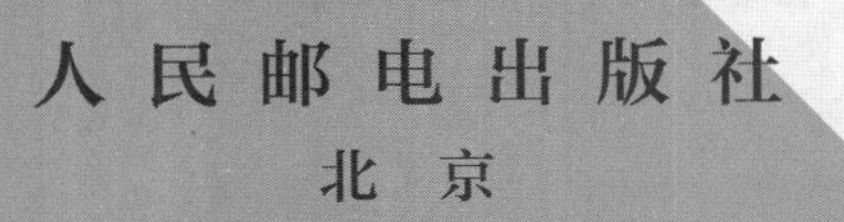

图书在版编目（CIP）数据

人工智能通识基础 / 西安电子科技大学人工智能学院编著 ; 焦李成主编. -- 北京 : 人民邮电出版社, 2024.7
人工智能人才培养新形态精品教材
ISBN 978-7-115-63657-7

Ⅰ. ①人… Ⅱ. ①西… ②焦… Ⅲ. ①人工智能－高等学校－教材 Ⅳ. ①TP18

中国国家版本馆CIP数据核字(2024)第023478号

内 容 提 要

本书服务国家重大战略，紧扣读者对人工智能深入了解的迫切需求，是学习人工智能知识、迎接人工智能时代的通识读物。全书共 5 章，对人工智能的基础知识、发展现状、研究热点、技术支撑等方面进行简明通俗的阐述。本书包含大量人工智能应用案例，涉及安防、金融、医疗、农业、交通、教育、零售、娱乐、物联网等领域，并结合人工智能发展背景及应用场景，介绍人工智能给各行业带来的重大变革，分析人工智能在各行业的发展现状，为广大读者了解人工智能、学习人工智能、运用人工智能提供了切实可靠的参考。

本书可作为高等院校通识教育的教材，也可作为专业技术人才和政务工作者技能提升相关培训的教辅书，还适合作为科研院所、企业等对人工智能领域专业基础和相关技术具有需求的技术人员和管理人员的参考书。

◆ 编　　著　西安电子科技大学人工智能学院
主　　编　焦李成
副 主 编　侯　彪　杨淑媛　刘　芳　马文萍　张　丹
责任编辑　祝智敏
责任印制　陈　犇

◆ 人民邮电出版社出版发行　　北京市丰台区成寿寺路 11 号
邮编　100164　　电子邮件　315@ptpress.com.cn
网址　https://www.ptpress.com.cn
涿州市京南印刷厂印刷

◆ 开本：787×1092　1/16
印张：11.25　　　　2024 年 7 月第 1 版
字数：212 千字　　　2025 年 1 月河北第 5 次印刷

定价：49.80 元

读者服务热线：(010)81055256　印装质量热线：(010)81055316
反盗版热线：(010)81055315
广告经营许可证：京东市监广登字 20170147 号

编写委员会

主　编： 焦李成

副主编： 侯　彪　杨淑媛　刘　芳　马文萍　张　丹

委　员：

张梦璇　丁静怡　张玮桐　任仲乐　黄思婧

古　晶　唐　旭　陈璞花　王佳宁　毛莎莎

朱　浩　程曦娜　郭雨薇　李玲玲　孙其功

刘　旭　王　丹　王　鑫　张卓莹

前言

在 1956 年达特茅斯夏季人工智能研究会议上，首次提出“人工智能”这一术语，标志着人工智能作为一门新兴学科正式诞生。之后的几十年里，人工智能的发展经历过两个高潮期（分别为 1947—1959 年和 1980—1995 年），也经历过 20 世纪 70 年代的反思期。在此期间，人工智能的理论和方法被不断改进与完善。21 世纪初提出的深度学习概念，掀起了人工智能的第三次发展高潮。人工智能被广泛应用于语音识别、图像处理等领域，成为各行业、各领域发展的“赋能技术”，给人们的生活、生产带来了重大变革，成为世界主要国家竞相抢占的科技发展高地。在当前的人工智能发展高潮期，我国人工智能研究在学术研究领域和产业应用领域均取得了举世瞩目的成绩。

本书是一本人工智能通识读物，系统地阐述了人工智能的基础知识、发展现状、研究热点、技术支撑等方面的内容。首先，介绍了人工智能的概念、特征与意义，归纳了人工智能的发展简史，包括其发展历程、现状与趋势；其次，系统讲解了人工智能的研究热点问题与技术支持，包括机器学习、自然语言处理、计算机视觉、语音识别、机器人、数据挖掘、人机交互等研究热点，并结合人工智能在各行业的发展案例，介绍了人工智能在安防、金融、医疗、农业、交通、教育、零售、娱乐、物联网等领域的发展状况。此外，本书从未来人工智能研究方向、人工智能研究目前存在的问题以及人工智能高水平人才培养三个方面探讨了下一代人工智能发展方向和挑战，并围绕人工智能行业人才需求，知识、能力与素养目标，知识体系，学习指导四个方面介绍了如何学习人工智能。线上扩展阅读部分阐述了人工智能教育体系建设、布局和现有支撑，展示了西安电子科技大学在人工智能教育领域取得的一系列丰硕成果。

本书内容和结构体系由焦李成总体设计，侯彪、杨淑媛、刘芳、马文萍、张丹等负责策划、设计和统筹，内容分别由张梦璇、丁静怡、张玮桐、任仲乐、黄思婧、古晶、唐旭、陈璞花、王佳宁、毛莎莎、朱浩、程曦娜、郭雨薇、李玲玲、孙其功、刘旭、王丹、王鑫、张卓莹等撰写、整理。

在本书编写过程中，西安电子科技大学人工智能学院的专家团队为本书的编写提供了丰富素材和大力支持。在此，衷心感谢他们的贡献和帮助！

本书涉及内容广，编写工作量大，书中不妥之处在所难免，敬请专家、同行和读者谅解，并欢迎批评指正！

焦李成

2024 年 1 月

目录

116 第4章 人工智能各行各业的发展状况

157 第5章 下一代人工智能发展方向及高水平人才培养

第1章 人工智能概述

人工智能是人类社会的伟大发明。随着信息技术的不断进步和发展，它再次成为当前科学界研究的热点。很多人认为人工智能代表了高深、前沿的计算机技术，是神秘的人类智能的延伸。实际上，人们的实际生活中已经融入很多人工智能的应用，如智能语音助手、可穿戴设备、智能家居、自动驾驶汽车、机器人服务员等。人工智能的发展是一场革命，它引领科技革命、产业革命、教育革命、金融革命等诸多行业的巨变，提升人们的生活感受和生命体验，将人类生活带向一个全新的阶段。那么，人工智能究竟是什么？它是怎么发展起来的？人工智能有哪些特征和重要意义？本章将围绕这些问题来阐述人工智能的内涵以及其中的各项关键技术。

1.1 什么是人工智能

人工智能的定义可以分为两部分，即“人工”和“智能”。“人工”比较好理解，就是指通常意义上的人工系统。“智能”则涉及诸如意识、自我、思维等问题。早期人类了解的智能通常指人本身的智能，因此对人工智能的研究往往涉及对人的智能本身的研究。后来关于动物或其他人造系统的智能的研究也被认为是人工智能相关的研究课题。

近年来，人工智能在计算机领域得到了愈加广泛的重视与应用。尼尔斯·约翰·尼尔逊（Nils John Nilsson）教授对人工智能下了这样一个定义：“人工智能是关于知识的学科——怎样表达知识以及怎样获得知识并使用知识的科学。”美国麻省理工学院的帕特里克·H.温斯顿（Patrick H.Winston）教授认为：“人工智能就是研究如何使计算机去做过去只有人才能做的智能工作。”这些说法反映了人工智能学科的基本思想和基本内容，即人工智能是研究人类智能活动的规律，构造具有一定智能的人工系统，研究如何让计算机去完成以往需要人的智力才能胜任的工作，也就是研究如何应用计算机的软硬件模拟人类某些智能行为的基本理论、方法和技术。人工智能是研究开发能够模拟、延伸和扩展人类智能的理论、方法、技术及应用系统的一门新的技术科学，研究目的是促使智能机器会听（语音识别、机器翻译等）、会看（图像识别、文字识别等）、会说（语音合成、人机对话等）、会思考（人机对弈、定理证明等）、会学习（机器学习、知识表示等）、会行动（机器人、自动驾驶汽车等）。

人工智能是计算机学科的一个分支，被称为 20 世纪世界三大尖端技术（空间技术、能源技术、人工智能）之一，也被认为是 21 世纪三大尖端技术（基因工程、纳米科学、人工智能）之一。这是因为它获得了迅速的发展，在很多学科领域都获得了广泛应用，并取得了丰硕的成果。如今人工智能已逐步成为一个独立的分支，无论是在理论还是在实践上都已自成一个系统。

人工智能研究的是使用计算机来模拟人的某些思维过程和智能行为（如学习、推理、思考、规划等），制造类似于人脑智能的计算机，使计算机能实现更高层次的应用。人工智能涉及计算机科学、心理学、哲学和语言学等学科，可以说几乎涉及自然科学和社会科学的所有学科，其范围已远远超出了计算机科学的范畴。人工智能与思维科学的关系是实践和理论的关系，人工智能处于思维科学的技术应用层次，是它的一个应用分支。从思维观点看，人工智能不仅限于逻辑思维，还要考虑形象思维、灵感思维，这样才能促进人工智能的突破性发展。数学常被认为是多种学科的基础，人工智能学科必须借用数学工具，数学已成为人工智能学科的基础，它们将互相促进、更快地发展。

人工智能是一门极富挑战性的科学，从事这项工作的人必须懂得计算机科学、心理学和哲学等学科知识。人工智能涉及的领域十分广泛，涵盖多个学科和技术领域，如计算机视觉、机器学习、自然语言理解与交流等。总的来说，人工智能研究的一个主要目标是使机器能够胜任一些通常需要人类智能才能完成的复杂工作。但不同的时代、不同的人对这种“复杂工作”的理解是不同的。

随着 20 世纪 40 年代计算机的发明，这几十年来计算速度飞速提高，理论和技术日益成熟，计算机应用从最初的科学数学计算领域演变到了现代的各种计算机应用领域，诸如多媒体应用、计算机辅助设计、数据库等。人工智能企图了解智能的实质，并生产出一种新的能以与人类智能相似的方式做出反应的智能机器。人工智能领域的研究包括机器人、语音识别、图像识别、自然语言处理（natural language processing，NLP）和专家系统等。

大众媒体将人工智能刻画为跟人一样聪明的或比人更聪明的计算机。实际上，人工智能在各行业的成功应用都归功于其中包含的各项技术。本章和第 2 章将详细描述人工智能领域和相关的各项技术，这些技术在以往只有人能做到的特定任务上表现得越来越好。这些技术统称为认知技术。认知技术是人工智能领域的产物，它们能完成以往只有人能够完成的任务，而它们正是商业和公共部门的领导者应该关注的。下面将介绍几项重要的认知技术，因为它们正被广泛采纳并迅速发展，且已获得诸多研究学者和金融投资人的关注。

1.1.1 计算机视觉

要定义计算机视觉，首先要定义什么是视觉。也就是，什么是所谓的“看见”。通常，我们可以简单地把“看见”动作分成两个部分：一是“看”这个动作，通过瞳孔采集，将客观世界的光影、轮廓、特征形成图像；二是“见”这个动作，获得图像后，还需要知道这些东西都代表了什么意义。也就是说，人在完成一次“看见”动作时，先采集了图像，又理解了图像。计算机视觉就是一个让计算机“看见”的过程。

再具体一些讲，计算机视觉就是让计算机拥有人能所见、人能所识、人能所思的能力。具备这种能力后就可以称计算机拥有视觉，即计算机视觉。

人能所见，是指人能看得见。对计算机而言，其是指能够获取图像。最常见的是通过摄像头来获取图像，所以摄像头这样的获取图像的设备被称作计算机的“眼睛”。人能所识，是指人能够对看到的景象进行辨识，即回答看到的是什么。对计算机而言，其是指物体检测。人能所思，是指人能够理解看到的景象有什么关联。举个例子，你看到一群人，你可以知道这群人正在干什么，或者将要干什么，又或者是刚干完什么，哪怕你看到的只是一张静态图像。对计算机来说，其就是指让计算机理解图像之间的联系，或者是图像里不同物体间的联系。

“所见”“所识”“所思”缺一不可，计算机视觉中缺少其中的任何一个都不能称为完整的计算机视觉。也就是说，必须同时达到 3 个能力，才能称为真正的计算机视觉。

机器能“看”世界，已经不是新闻。早在清朝年间，就有人借着镁条闪光拍照片。再到 1888 年乔治 • 伊士曼（George Eastman）生产出了标准透明片基胶卷，1981 年索尼公司生产出了世界上第一款数字相机。机器“看”世界的概念已经步入人们生活中一百多年了，但始终都是“看”，没有“见”。究其原因，是机器采集图像的成本实在太高，以至于人们只顾着如何把更有价值的部分留下来，让我们以后还能“看”，而不是让机器完成“看见”。数字图像的普及明显超出了每个人的想象。数字图像的信息量已经明显超出了人们精力所能及的事物认识量，只要人们想“看”，图像资料就源源不断。这时，人类开始思考：是不是应该不只让机器“看”，也该让机器学习“见”了？

“我们已经造出了超高清的相机，但是我们仍然无法把这些画面传递给盲人；我们的无人机可以飞越广阔的土地，但是却没有足够的视觉技术去帮我们追踪热带的变化；安全摄像头到处都是，但当有孩子在泳池里溺水时，它们无法向我们报警。”（摘自李飞飞女士的 TED 演讲。）

有关上述问题，计算机视觉可以解决。计算机视觉也叫机器视觉，就是在机器“眼睛”的后面安上“大脑”。这是一个让计算机能看懂图像的过程。该过程中包含以下任务：采集图像（摄像头、数字相机）→图像处理（计算机）→控制设备（机械手、警报器或者反馈到下一个处理单元）。当然，控制设备不总是必要的，这取决于我们怎么使用计算机获取信息。

视觉，对人类（或动物）来说，似乎是很平常的事物。我们甚至都不需要有意识地训练自己，就可以认识世界。对机器而言，理解图像却是一项极其困难的任务。计算机视觉是一门教机器如何“看”的科学。当前的计算机已经可以完成很多复杂的任务，如图像视频分类、目标跟踪和检测等。

在生活中，我们不再满足于能用更舒适的角度看到汽车周围的来往车辆，还希望汽车告诉我们，前方有障碍，需要减速；我们不再满足于能在监控设备前面看着各个路口拥挤的车辆，还希望监控设备告诉我们，各个路口的预计疏通时间；我们不再满足于摄像头能帮我们在千里之外观察家里的婴儿和老人，还希望能在他们遇到困难的时候，相关设备能第一时间向我们或有关机构发出警报。让机器能真正“看见”，这也是计算机视觉研究的目的。

总的来说，计算机视觉是指用计算机实现人的视觉功能，即对客观世界三维（3D）场景的感知、识别和理解。这意味着计算机视觉技术的研究目标是使计算机具有通过二维（2D）图像认知三维环境信息的能力。因此，计算机视觉技术不仅需要使机器能感知三维环境中物体的几何信息，如形状、位置、姿态、运动等，还需要能对它们进行描述、存储、识别与理解。我们可以认为，计算机视觉与人类或动物的视觉是不同的，它借助于几何、物理和学习技术来构筑模型，用统计方法来处理数据。

人工智能的完整闭环为感知、认知、推理、反馈到再感知，其中视觉在我们的感知系统中占据大部分的感知过程。所以研究计算机视觉是研究计算机感知的重要一步。

目前，计算机视觉有广泛的应用，例如，医疗成像分析被用来辅助疾病的预测、诊断和治疗；人脸识别被元宇宙用来自动识别照片里的人物，在安防及监控领域被用来指认嫌疑人；在购物方面，消费者可以用智能手机拍摄产品，进而获得更多购买选择等。计算机视觉的应用如图 1.1 所示。

图 1.1　计算机视觉的应用

1.1.2　机器学习

在讨论计算机如何学习之前，我们先来看看人类是如何学习的。

人类的学习按逻辑顺序可分为 3 个阶段：输入、整合、输出。以学习英语为例，在入门阶段，我们都逃不出背单词的“苦海”，因为不积累一定的词汇量，后续学习将无从谈起，这是输入阶段。然而，很快我们就会发现，即使背完一本《牛津大辞典》，我们也无法与他人用英语顺畅交流，我们还必须学习语法，学习一些约定俗成的习惯用语，这样才能知道如何把单词组合成句子，这便是整合阶段。最后，有词汇量作为基石，又有了语法规则作为架构，我们就能在特定场合用英文来表达自己的想法，这是输出阶段，也是我们学习英语的初衷。学习其他东西也是类似的过程。概括来说，学习都要经历从积累经验到总结规律，最终灵活运用这 3 个阶段。

因此，人类的学习过程可以这样理解：一个人根据过往的经验，对一类问题形成某种认识或总结出一定的规律，然后利用这些知识对新的问题做出判断。毫不夸张地说，学习能力是人类有别于其他动物的重要能力之一，在它的帮助下，人类顺利地立于食物链之巅。

机器学习有点像人类的决策过程，我们再通过一个实际生活中的例子来看一看人类的思考过程。假设某人去买橘子，他想挑最甜的橘子，可是怎么挑呢？他记得老人们说过，“嫩黄的橘子比暗黄的甜”，所以心中有了一个简单的判断标准：只挑嫩黄的橘子。

普通计算机算法是如何实现这个过程的呢？如果用计算机程序来挑选橘子，规则如下：

```
if（颜色是嫩黄）：
    橘子是甜的
```

```
else:
    橘子不甜
```

但是如果在挑选橘子过程中此人有了新的发现，此时就不得不修改以上规则。例如，在买回的橘子中有些是酸的，经过品尝各种类型的橘子，此人发现那些大个儿的、嫩黄的橘子才是甜的，所以修改后的规则如下：

```
if(颜色是嫩黄 and 个头是大的):
    橘子是甜的
else:
    橘子不甜
```

我们会发现这个普通的计算机算法有个缺点，就是需要弄清楚影响橘子甜度的所有因素中错综复杂的细节。如果问题越来越复杂，我们针对所有的橘子类型，手动制定规则、修改规则就变得非常难。那么如何克服这个问题呢？机器学习算法可以解决这个问题。

机器学习算法是由前面的普通算法演化而来的。通过自动地从提供的数据中学习，程序会变得更“聪明”。

我们从市场上的橘子里随机地抽取一定的样品（在机器学习里称为训练数据），制作成一张表格，上面记录着每个橘子的物理属性，如颜色、大小、产地等（这些属性称为特征），并记录下每个橘子甜不甜（称为标签）。

我们将足够多的训练数据提供给一个机器学习算法，它就会学习出一个关于橘子的特征与橘子是否甜之间的关系模型。

以后我们去市场买橘子，面对新的橘子（测试数据），将新的橘子特征输入这个训练好的模型，模型就会直接输出这个橘子是甜的还是不甜的。

有了这个模型，我们就可以满怀自信地去买橘子了，根本不用考虑那些挑选橘子的细节。我们只需要将橘子的物理属性输入这个模型就可以立即知道橘子是不是甜的。更重要的是，我们可以让这个模型随着时间变化越来越好（增强学习）。当这个模型读进更多的训练数据时，它就会更加准确，并且在做了错误的预测之后可以进行自我修正。

我们还可以用同样的机器学习算法去训练不同的模型，例如，我们可以使用同样的机器学习算法来预测苹果、西瓜是否甜，这就是机器学习的特点。

人类可以从自己获得的经验中学习知识，但计算机只能从人类提供的数据中学习规律。几十年来，计算机科学和应用数学界的学者们总结出了许多教会计算机依据一定的规律进行计算的方法，它们就是各种机器学习算法。因此，机器学习就是指从数据中通过选取合适的算法，自动地归纳逻辑或规则，并根据这些归纳的规则（模型）对新数据进行预测（或针对新的情境给出判断）的过程。由此看来，机器学习的核心思想就是对人类生活中学习过程的模拟，即让机器具备与人一样的学习能力，专门研究计算机怎样模拟或实现人类的学习行为，以获取新的知识或技能，重新组织已有的知识结构使之不断改善自身的性能。机器学习是人工智能的核心。

机器学习已经有了十分广泛的应用，例如，数据挖掘、计算机视觉、自然语言处理、生物特征识别、搜索引擎、医学诊断、检测信用卡欺诈、证券市场分析、脱氧核糖核酸（deoxyribonucleic acid，DNA）序列测序、语音和手写识别、战略游戏和机器人运用。2010 年以前，机器学习的应用在一些特定领域发挥了巨大的作用，如车牌识别、网络攻击防范、手写字符识别等。但是，2010 年以后，随着大数据概念的兴起，机器学习的大量应用都与大数据高度耦合，我几乎可以认为大数据是机器学习应用的理想场景。例如，谷歌公司利用大数据预测 H1N1 在美国某小镇的爆发；百度预测 2014 年世界杯，从淘汰赛到决赛全部预测正确。此外，国内也有诸多公司专注于研究机器学习算法，如优必选、图灵机器人、李群自动化、极智嘉科技、Rokid 等。

1.1.3 自然语言处理

自然语言处理这个概念本身过于庞大，我们很难通过简短的定义就能明白它是什么。我们不妨把它分成“自然语言”和“处理”两个部分。

我们先来看“自然语言”。语言是人类区别于其他动物的本质特性。在所有生物中，只有人类才具有语言能力。人类的多种智能都与语言有密切的关系。人类的逻辑思维以语言为形式，人类的绝大部分知识也是以语言文字的形式记载和流传下来的。区别于计算机语言，自然语言是人类发展过程中形成的一种信息交流的方式，包括口语及书面语，反映了人类的思维。简单的一句问候“你好”，以及你正在看的这本书，都是以自然语言的形式表达的。现在世界上所有的语种、语言都属于自然语言，包括汉语、英语、法语等。

我们再来看“处理”。如果只是人工处理，那我们原本就有专门的语言学来支持研究，没必要特意地强调“自然”。因此，这个“处理”是指利用计算机进行理解、转换、生成等过程。但计算机无法像人一样处理文本，需要有自己的处理方式。因此，自然语言处理就是利用计算机的计算能力对人类的自然语言的形、音、义等信息进行处理，即对字、词、句、篇章这些不同层次的信息进行输入、输出、识别、分析、理解、生成操作，并对这些信息进行加工，进而实现人机或是机器与机器间的信息交流。换句话说，自然语言处理就是计算机接受用户自然语言形式的输入，并在内部通过人类所定义的算法进行加工、计算等系列操作，以模拟人类对自然语言的理解，并返回用户所期望的结果。

自然语言处理的相关研究始于人类对机器翻译的探索。虽然自然语言处理涉及语音、语法、语义、语用等多维度的操作，但简单而言，自然语言处理的基本任务是基于本体词典、词频统计、上下文语义分析等方式对待处理语料进行分词，形成以最小词性为单位，且具有语义的词项单元。机器翻译指的是利用计算机自动地将一种自然语言翻译为另外一种自然语言，如自动将英文“I like Beijing Tiananmen”翻译为“我爱北京天安门”，或者反过来将“我爱北京天安门”翻译为“I like Beijing Tiananmen”。由于人工翻译需要训练有素的双语专家，翻译工作耗时耗力。更不用说翻译一些专业领域文献时，翻译者还需要了解该领域的基础知识。世界上有超过几千种语言，仅联合国的工作语言就有 6 种。如果能够通过机器翻译准确地进行语言间的翻译，将大大提高人类沟通的效率。

自然语言处理是以语言为对象，利用计算机技术来分析、理解和处理自然语言的一门学科，即把计算机作为语言研究的强大工具，在计算机的支持下对语言信息进行定量定性研究，并提供人与计算机之间能共同使用的语言描写。自然语言处理就是要让计算机理解自然语言。自然语言处理主要包括两个流程，分别是自然语言理解和自然语言生成。自然语言理解是指计算机能够理解人类语言的语义，读懂人类语言的潜在含义；自然语言生成是指计算机能通过自然语言文本来表达它想要达到的意图。

正如机械解放人类的双手一样，自然语言处理的目的在于用计算机代替人工来处理大规模的自然语言信息。自然语言处理是人工智能、计算机科学、信息工程的交叉领域，涉及统计学、语言学等知识。由于语言是人类思维的证明，因此自然语言处理是人工智能的最高境界，被誉为“人工智能皇冠上的明珠”。

自然语言处理主要应用于机器翻译、舆情监测、自动生成摘要、观点提取、文本分类、问题回答、文本语义对比、语音识别、中文光学字符阅读器（optical character reader，OCR）等方面。自然语言处理技术使用强大的解析功能、语法规则和算法来从人们的话语中获得意图。话语是通用语言中的语句或问题片段，由一系列的关键字组成。目前，自然语言处理技术已经渗透到日常生活中。例如，邮件系统自动解析并理解电子邮件的内容，能够自动检测到会议邀请、包裹发货通知和提醒等内容。另一个常见的例子是网络搜索引擎，当你在网站搜索引擎中输入短语时，它将根据其他类似的搜索行为提供输入建议。

1.1.4 机器人技术

随着生产和科学技术的发展，在一些场合中，人们常常需要在存在危险的情况下工作。这些危险因素有高真空、放射性、高压和高温等。存在这些危险因素的空间区域叫作反常（危险）区，如宇宙空间、深海、燃烧室、放射性实验室、危险化学品存放区等。于是，人们开始了新的尝试，创造了一种能模拟人的部分功能的机器，这类机器人应运而生。

广义上的机器人给人最深刻的印象是一个独特的进行自我控制的"活物"。其实，这个自我控制的"活物"的主要器官并不像真正的人那样微妙而复杂。智能机器人具备形形色色的内部信息传感器和外部信息传感器，如视觉、听觉、触觉、嗅觉传感器。

起初由于这些机器模拟了人外表，并且的确能完成人的部分功能，因此人们就用科学幻想故事中的称呼，把它们叫作"机器人"。但随着机器人设计的完善化和它所执行动作的复杂化，机器人在外观上与人的差异越来越大，可以说绝大多数根本不像人，如有的像螃蟹，有的像恐龙。然而其操作功能却更接近人了，因此仍然沿用"机器人"这个名字。

最初的机器人是机械手或操作器，是模拟人手功能的技术装置，通常用在放射性区域。工作人员坐在防辐射的安全室里，通过机械装置直接操纵机械手来使用放射性物质。我国制造的通用自动机械手能自动完成搬运工件、喷涂和锻压等工作。它的手臂能上下、左右转动和伸缩，腕关节能弯曲和转动，手指能自由定向。1967 年，一台遥控操作器登上了月球，它在地球上人的控制下，可以在 $2.23m^2$ 范围内，挖掘月球表面 46cm 深处的土壤样品，并能对样品进行初步分析，确定土壤的硬度、质量等。

带有人造"眼"的机器，也就是传真电视机的操作器与计算机联用，它具有人类进行控制的人机系统。目前来看，这类机器是大有前途的，如可用来研究行星表面。操作器的手指触觉信号和传真电视机（感受器）的视觉信号传给遥控计算机（它完成类似人脑的初步工作），遥控计算机把加工后的信息发回地面。在地面控制室里，操作员可直接在显示屏上看见操作器的工作情况，完成图像识别，并做决定，通过控制器和地面计算机控制操作器的下一步行动。显然，即便操作器离人很远，它也能高度精确地完成复杂的操作。

随着计算机、微电子、信息技术的快速发展，机器人技术的开发速度越来越快，智能度越来越高。智能机器人在海洋开发、宇宙探测、工农业生产、军事、社会服务、娱乐等各个领域都有广阔的发展空间与应用前景，机器人技术正朝着智能化和多样化等方向发展。

遥控操作器种类繁多，很多已在各种危险区域得到很好的应用，特别是在人类征服海洋的战斗中，它可以用来完成以前需要人去做的工作。海底有丰富的矿藏，钻探和开采都要有操作器的帮助。在水下几百米至几千米的地方钻孔、安放炸药，甚至建造海底基地，以及打捞海中沉没的船只等，更需要用遥控操作器进行深海作业。

如今，机器人早已从科学幻想变成了现实，世界上有各种各样的机器人在各行各业大显神通。例如，在火灾还不明显时，“机器救火员”便收到了火警，第一个奔赴现场，用它“携带”的两个灭火器将火及时扑灭。如果你要把重物搬上楼而又无电梯，那么40条腿的“机器搬运工”是可以来帮忙的。在铸造车间，机器人能“认真”地把铸件放在传送带上，一口气工作十几个小时才“下班”；如果生产紧张，它可以连续工作一天一夜。在汽车制造厂，机器人可以干更复杂的活，如焊接、喷漆或装配。像坦克一样的“机器矿工”可以下矿井，人只需要在地面操纵它就行了。利用计算机操纵的能行走的“铁螃蟹”还可以帮助地质队探矿。

机器人的应用领域日益扩大，人们期望机器人能在更多的领域为人类服务，代替人类完成更多更复杂的工作。

1.1.5 语音识别技术

语言交流是人与人之间最直接有效的交流沟通方式，语音识别技术就是让人与机器之间也能达到简单、高效的信息传递。

语音识别技术的应用由来已久，但准确地识别一段语音是一件非常困难的事。除了不同语种的差别，即使是汉语，在加入方言、口音、同音字词这些要素后也会产生海量的语音需要识别。直到最近几年，自动语音识别又开始成为人们热议的内容，一个又一个项目成功立项并被快速推进。推动自动语音识别应用发展的力量主要来自两方面：一方面是技术的进步；另一方面是持久的训练。

在更快的计算能力和更高级的算法出现以前，自动语音识别技术的应用被限制在实验室中或者某一狭窄的领域。幸运的是计算能力一直在提升，20世纪80年代又出现了人工神经网络算法，使应对千变万化的语音变得越来越容易，也因此诞生了今天众多的智能语音应用。

技术进步是持久训练得以产生效果的基础，因为当计算机没有能力处理海量数据的时候，再多的训练、产生再多的数据也是没有用的。自动语音识别技术的应用发生质的变化依赖于计算能力和算法相关软硬件的升级换代，而这取决于基础科学技术的进步。基础物理学的发展推动科技发生质的飞跃。如果基础物理学没有新的发现和理论，科学技术就会被限制在某个层次上。

最初在英语环境下应用不错的产品，到了中文环境下就变得“水土不服”，就是因为训练太少。相信很多人在了解某个语音产品时，问得最多的一个问题就是“方言识别效果怎么样”，因为方言和普通话在语音上有很大区别，以前得到的答案是“只支持普通话”，后来得到的答案是“可以支持带口音的普通话”。其中的差别不是技术发生了什么变化，只是训练多了，见识的语音足够多了。经过训练的自动语音识别应用与10多年前确实不可同日而语，如果再抛开那些表示语气的字词，这些应用对句子核心意思的翻译准确率已经很不错了。

现在，自动语音识别的相关应用要想有更好的表现，还得像过去几年一样，不断训练，包括不同地域口音和方言的训练、不同行业专业词汇的训练、不同声音采样率精度的训练。对于自动语音识别，哪家企业进行的针对性训练多、优化多，其应用表现就更好，也就是达到“听多识广，不断进化”。

与对待机器人的态度类似，更实际的做法是把自动语音识别应用在有限的业务范围内，焦点放在“要识别什么”，而不是“还有什么不能识别”。例如，手机上用于识别操作指令的自动语音识别效果就不错，其多是因为要识别的内容被限定在某个特定的范围内。仔细分析一下某项具体业务，其实要识别的有价值内容不会很多，而且大多数业务的语音识别并不需要很高的准确率。这就为今天自动语音识别技术实际应用到业务中创造了机会。

目前，语音识别技术已经深入我们生活的方方面面，例如，我们手机上使用的语音输入法、语音助手、语音检索等应用；在智能家居场景中，有大量通过语音识别实现控制功能的智能电视、空调、照明系统等；智能可穿戴设备、智能车载设备越来越多地出现一些语音交互功能，这里面的核心技术就是语音识别；而一些传统的行业应用也正在被语音识别技术颠覆，如医院里使用语音进行电子病历录入，法庭的庭审现场通过语音识别分担书记员的工作，此外还有影视字幕制作、呼叫中心录音质检、听录速记等工作都可以用语音识别技术来实现。

市面上的对话母子熊、罗本艾特、智能机器狗、超级逗逗、哈布等数款玩具是国内企业把嵌入式语音识别技术应用在毛绒公仔、机器人、塑胶宠物、仿真娃娃、塑胶故事机等细分领域中的代表作。语音识别技术的应用给玩家带来了丰富的互动体验，并覆盖科普知识、歌曲、故事、国学、英语、笑话、算术以及良好习惯培养等内容板块。

在一些国家，大量的语音识别产品已经进入市场和服务领域。一些用户交换机、电话机、手机已经搭载语音拨号、语音记事本、语音智能玩具等产品，同时也包含语音识别与语音合成功能。人们可以通过网络，用口语对话查询机票、旅游、银行等信息。

得益于语音技术的进步，很多技术可能会成为现实。尽管起步较慢，但语音识别技术现在正以令人兴奋的速度发展。到目前为止，我们的目标是重建人类基本的对话。在未来，我们可能会看到声音在交互的丰富性方面超越键盘和屏幕。人类的声音交流在人类的发展中起着关键作用。

1.2 人工智能发展简史

人工智能作为新一轮产业转型的核心驱动力，已在科技界和产业界掀起了惊涛骇浪。后面的几十年里，人工智能将进一步释放巨大能量，创造新的强大引擎，推动整个智能经济和智能社会的发展。本节将就人工智能领域的发展历程、发展现状以及发展趋势进行详细介绍，从而使读者对人工智能的未来发展方向及前景有更清晰的认识。

1.2.1 人工智能的发展历程

要了解人工智能向何处去，首先要知道人工智能从何处来。人工智能从诞生至今，经历了几起几落，每一次的高潮都伴随着模型、理论、技术上的重大突破，取得了许多令人瞩目的成就，给科技的进步和人们的生活都带来了翻天覆地的变化，使人类进入一个高度发达和繁荣的智能时代。

人工智能的发展经历了很长时间的历史积淀，早在1950年，一位名叫马文·明斯基（Marvin Minsky，后被人称为“人工智能之父”）的大四学生与他的同学邓恩·埃德蒙（Dunne Edmund）一起，建造了世界上第一台神经网络计算机。这也被看作人工智能的一个起点。巧合的是，同样是在1950年，被称为“计算机之父”的阿兰·图灵（Alan Turing）提出了一个举世瞩目的想法——图灵测试。按照图灵的设想：如果计算机能在5min内回答由人类测试者提出的一系列问题，且其超过30%的回答让测试者误认为是人类所答，则计算机通过测试，即认为这台计算机拥有像人一样的智能。而就在这一年，图灵还大胆预言了真正具备智能机器的可行性。1950年，克劳德·香农（Claude Shannon）的《设计计算机国际象棋程序》是关于开发国际象棋计算机程序的第一篇发表文章。

1956年，在由美国达特茅斯学院举办的一次会议上，计算机专家约翰·麦卡锡（John McCarthy）提出了“人工智能”一词。达特茅斯会议被人们看作人工智能正式诞生的标志。就在这次会议后不久，麦卡锡从达特茅斯搬到了麻省理工学院。同年，马文·明斯基也搬到了这里，之后两人共同创建了世界上第一个人工智能实验室。自此最早的一批人工智能学者开始从学术角度对人工智能展开了严肃而精专的研究。人工智能从此走上了快速发展的道路。

人工智能充满未知的探索道路曲折起伏，如何描述人工智能自 1956 年以来 60 余年的发展历程，学术界可谓仁者见仁、智者见智。本书将人工智能的发展历程划分为以下 6 个阶段。

（1）起步发展期：1956 年—20 世纪 60 年代初。人工智能概念提出后，研究者们疯狂涌入，计算机被广泛应用于数学和自然语言领域，用来解决代数、几何和英语问题，相继取得了一批令人瞩目的研究成果，如机器定理证明、跳棋程序等，掀起了人工智能发展史上的第一个小高峰。

1957 年，弗兰克·罗森布拉特（Frank Rosenblatt）开发了感知器，它是一种早期的人工神经网络，能够基于两层计算机学习网络实现模式识别。《纽约时报》称感知机是“电子计算机的雏形，海军期望它能够走路、说话、看东西、写作、自我复制并意识到自己的存在”。《纽约客》称其为“了不起的机器……能够进行思考”。

1958 年，汉斯·彼得·卢恩（Hans Peter Luhn）在《IBM 研究与发展》杂志上发表了论文《商业智能系统》，文中描述了一种“为科学家和工程师提供当前感知服务的自动方法”。1958 年，约翰·麦卡锡开发了编程语言 LISP。此后 LISP 成为人工智能研究中流行的编程语言之一。

1959 年，阿瑟·塞缪尔（Arthur Samuel）（被誉为“机器学习之父”）创造了“机器学习”这个术语，“给计算机编程后，计算机通过学习能比编程者下跳棋更厉害。”1959 年，奥利弗·塞尔弗里奇（Oliver Selfridge）发表了文章《魔宫：一种学习范式》，他在文中描述了一个模型，通过这个模型，计算机可以识别没有预先指定的模式。1959 年，约翰·麦卡锡发表了文章《具有常识的程序》，他在其中描述了“提问者”的概念，它是一种通过使用正式语言处理句子来解决问题的程序，其最终目标是使程序“能像人类一样有效地从它们自己的经验中学习”。1959 年，美国发明家乔治·德沃尔（George Devol）与约瑟夫·恩格尔伯格（Joseph F. Engelberger）发明了首台工业机器人，该机器人借助计算机读取示教存储程序和信息，发出指令控制一台多自由度的机械。

1961 年，第一个工业机器人 Unimate 开始在新泽西州通用汽车工厂的装配线上工作。1961 年，詹姆斯·斯拉格（James Slagle）开发了符号自动积分器（symbolic automatic integrator，SAINT），它是一个解决计算中符号整合问题的启发式程序。

1962 年，统计学家约翰·W.图克（John W.Tukey）在《数据分析的未来》中写道：

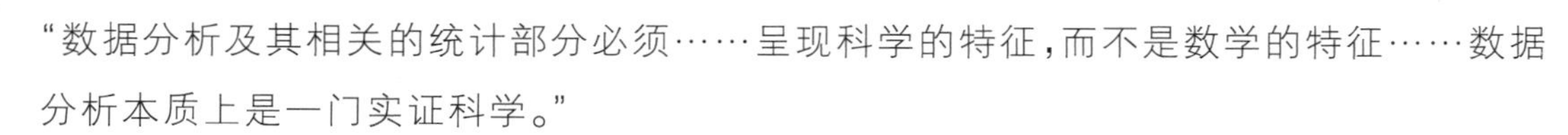

“数据分析及其相关的统计部分必须……呈现科学的特征，而不是数学的特征……数据分析本质上是一门实证科学。”

1964 年，丹尼尔·鲍勃罗（Daniel Bobrow）完成了他在麻省理工学院的博士论文，论文题为《用于计算机问题解决系统的自然语言输入》，并开发了一个名叫 STUDENT 的自然语言理解程序。1964 年，麻省理工学院人工智能实验室的约瑟夫·魏森鲍姆（Joseph Weizenbaum）教授开发了首台 ELIZA 聊天机器人，它是一个能够用英语就任何话题进行对话的互动程序，实现了计算机与人通过文本来交流。这些成果让很多研究学者看到了机器向人工智能发展的极大可能性。甚至在当时，有很多学者认为，20 年内机器将能完成人能做到的一切。

（2）反思发展期：20 世纪 60 年代—20 世纪 70 年代初。人工智能发展初期的突破性进展大大提升了人们对人工智能的期望，人们开始尝试更具挑战性的任务，并提出了一些不切实际的研发目标，结果是接二连三地失败、预期目标不断落空，例如，无法用机器证明两个连续函数之和还是连续函数、机器翻译闹出笑话等。

1965 年，美国科学家爱德华·费根鲍姆（Edward Feigenbaum）等研制出化学分析专家系统程序 DENDRAL。DENDRAL 是历史上第一个专家系统，它自动化了有机化学家的决策过程和解决问题的行为，能够分析实验数据来判断未知化合物的分子结构，它的总体目标是研究假设的形成和构建科学中的经验归纳模型。1965 年，休伯特·德雷福斯（Hubert Dreyfus）出版了《炼金术与人工智能》一书，他认为大脑与计算机不一样，人工智能的发展有极限。1965 年，I.J.古德（I.J.Good）在《关于第一台超智能机器的推测》中写到：“第一台超智能机器是人类需要创造的最后一项发明，这个前提是机器足够温顺——我们能够完全控制它。”

1968 年，美国斯坦福研究所研发的机器人 Shakey，能够自主感知、分析环境、规划行为并执行任务，如可以根据人的指令发现并抓取积木。Shakey 是第一个能够对自己的行为进行推理的通用移动机器人。

1969 年，阿瑟·布莱森（Arthur Bryson）和何毓琦（Yu-Chi Ho）描述了反向传播作为一种多阶段动态系统优化方法，可用于多层人工神经网络。后来当计算机的运算能力已经足够先进到可以进行大型的网络训练时，它对 2000 年至今深度学习的发展做了突出贡献。同年，马文·明斯基和西摩尔·帕普特（Seymour Papert）出版了《感知机：计算几何导论》，强调了简单神经网络的局限性。在 1988 年出版的扩展版中，他们回应了 1969 年“大大减少了神经网络研究经费”的说法，即“我们的观点是，由于缺乏足够的基础理论，进展实际上已经停止了……到 20 世纪 60 年代中期，已经有了大量关于感知机的实验，但没有人能够解释为什么它们能够识别某些类型的模式，而不能识别其他类型的模式”。

1970 年，《生活》杂志在一篇关于这位“第一个电子人”的文章中引用了马文·明斯基的话，他“确信”地预言到：“再过 3～8 年，我们将会生产出一台达到普通人智力水平的机器”。1970 年，日本早稻田大学造出第一个拟人化机器人 WABOT-1。它由一个肢体控制系统、一个视觉系统和一个对话系统组成。1970 年，美国斯坦福大学计算机教授特里·维诺格拉德（Terry Winograd）开发的人机对话系统 SHRDLU 能分析指令，如理解语义、解释不明确的句子，并通过虚拟方块操作来完成任务。但各项成果都未能圆满实现预期效果。

由于科研人员在人工智能的研究中对项目难度预估不足，不仅导致与美国国防高级研究计划署（Advanced Research Projet Agency，ARPA）的合作计划失败，还让大家对人工智能的前景蒙上了一层阴影。与此同时，社会舆论的压力也开始慢慢压向人工智能，导致很多研究经费被转移到其他项目上。当时人工智能面临的技术瓶颈主要有以下 3 个：

第一，计算机性能不足，导致早期很多程序无法在人工智能领域得到应用。

第二，问题的复杂性。早期人工智能程序主要解决特定的问题，特定的问题对象少、复杂性低，可一旦问题上升维度，程序立马就不堪重负了。

第三，数据量严重缺失。当时找不到足够大的数据库来支撑程序进行深度学习，这样很容易导致机器无法读取足够量的数据进行智能化。

因此，人工智能停滞不前。1973 年，詹姆斯·莱特希尔（James Lighthill）针对英国人工智能研究状况的报告，结论是“迄今为止，该领域没有产生任何重大影响”。该报告批评了人工智能在实现“宏伟目标”上的失败，结果导致政府大幅减少了对人工智能研究的资金支持。由此，人工智能迎来了第一个寒冬。

（3）应用发展期：20 世纪 70 年代初—20 世纪 80 年代中。虽然有人趁机否定人工智能的发展和价值，但是研究学者们并没有因此停下前进的脚步。

1976 年，美国斯坦福大学 E.H.肖特里夫（E.H.Shortliffe）等人发布的医疗咨询系统 MYCIN，可用于传染性血液病患诊断。它是早期一种鉴定导致严重感染的细菌并推荐抗生素的专家系统。1976 年，计算机科学家拉吉·瑞迪（Raj Reddy）在发表了《机器语音识别：综述》一文，对自然语言处理的早期工作做了总结。

1979 年，斯坦福大学的自动驾驶汽车 Stanford Cart 在无人干预的情况下，在大约 5h 内成功穿过一个装满椅子的房间，这使它成为早期的自动驾驶汽车之一。1979 年，福岛邦彦（Kunihiko Fukushima）开发了一种神经认知机 Neocognitron，它是一种分层的多层人工神经网络。

1980 年，I.A.乔姆斯兰（I.A.Tjomsland）将帕金森第一定律应用于存储行业，他认为，“为了填满可用空间，数据可以扩展”。同年，日本早稻田大学制造了 Wabot-2

音乐人形机器人，它能与人交流、能读乐谱、能在电子琴上演奏普通难度的曲调。1980年，卡内基梅隆大学为DEC公司设计出了第一套专家系统XCON。这是一种采用人工智能程序的系统，可以简单地理解为“知识库+推理机”的组合。XCON是一套具有完整专业知识和经验的计算机智能系统，能帮助DEC公司每年节约4000万美元左右的费用，特别是在决策方面能提供有价值的内容。之后人们陆续研制出了用于生产制造、财务会计等各个领域的专家系统，衍生出了像Symbolics、LISP Machines、IntelliCorp、Aion等一系列的硬件、软件公司。这些专家系统具有强大的知识库和推理能力，可以模拟人类专家来解决特定领域的问题。

1981年，日本国际贸易和工业部提供8.5亿美元用于第五代计算机项目研究。该项目旨在开发能像人类一样进行对话、翻译、识别图像和推理的计算机。1981年，中国人工智能学会成立。

1984年，在人工智能促进协会（Association for the Advance of Artificial Intelligence，AAAI）的年度会议上，罗杰·尚克（Roger Schank）和马文·明斯基警告“人工智能冬天”即将到来，他们当时预测人工智能的泡沫会破裂（3年后确实发生了），投资和研究的资金也会像20世纪70年代中期那样减少。1985年，Metaphor Computer Systems公司为宝洁公司开发了第一个商业智能系统。

20世纪70年代出现的专家系统模拟人类专家的知识和经验解决特定领域的问题，实现了人工智能从理论研究走向实际应用、从一般推理策略探讨转向运用专门知识的重大突破。从这时起，机器学习开始兴起，各种专家系统开始被人们广泛应用。专家系统在医疗、化学、地质等领域取得成功，推动人工智能迎来应用发展的新高潮。

（4）低迷发展期：20世纪80年代中—20世纪90年代中。随着人工智能的应用规模不断扩大，专家系统存在的应用领域狭窄、缺乏常识性知识、知识获取困难、推理方法单一、缺乏分布式功能、难以与现有数据库兼容等问题逐渐暴露出来。专家系统应用有限，且经常在常识性问题上出错，因此，人工智能迎来了第二个寒冬。

1986年，第一辆自动驾驶汽车在恩斯特·迪克曼斯（Ernst Dickmanns）的指导下在慕尼黑联邦国防军大学制造完成。它是一辆装有摄像头和传感器的梅赛德斯·奔驰面包车，它在空旷的街道上能以88.5km/h的速度行驶。1986年10月，大卫·鲁梅尔哈特（David Rumelhart）、杰弗里·辛顿（Geoffrey Hinton）和罗纳德·威廉姆斯（Ronald Williams）发表了《通过反向传播错误来学习表征》，他们在文中描述了“一种新的学习程序”，该程序可用于神经元单元网络的反向传播。

1987年，苹果首席执行官约翰·斯卡利（John Sculley）在Educom会议发表主题演讲时，他播放的视频《知识导航员》中有一个设想的未来——知识应用程序将由智能代理连接到大量数字化信息网络，从而人们能访问这些程序。

1988 年，朱迪亚·珀尔（Judea Pearl）出版了《智能系统中的概率推理》。2011 年，图灵奖给他的颁奖词中写到：“朱迪亚·珀尔为不确定性下的信息处理创造了表征和计算基础。他发明了贝叶斯网络——一种定义复杂概率模型的数学形式，以及用于这些模型中推理的主要算法。这项工作不仅彻底改变了人工智能领域，而且成为许多其他工程和自然科学分支的重要工具。”罗洛·卡彭特（Rollo Carpenter）开发了聊天机器人 Jabberwacky，它能模仿人类以有趣、娱乐和幽默的方式聊天，这是通过人类互动创造人工智能的早期尝试。IBM 公司 T.J.沃森研究中心的成员发表了《语言翻译的统计方法》，这预示着机器翻译从基于规则的方法向概率方法的转变，基于对已知示例的统计分析，而不是对当前任务的理解，反映了向“机器学习”的广泛转变。IBM 公司的 Candide 项目，成功地翻译了英语和法语，翻译的基础是 220 万对句子，这些句子中的大部分来自加拿大议会的双语程序。同年，马文·明斯基和西摩尔·帕普特出版了两人 1969 年的作品《感知机：计算几何导论》的扩展版，他们在书中写到：“不熟悉人工智能历史的研究人员继续犯着许多别人已经犯过的错误，导致了这一领域的进展如此缓慢。”

1989 年，杨立昆（Yann LeCun）和贝尔实验室的其他研究人员成功地将反向传播算法应用于多层神经网络，实现了手写邮政编码的识别。考虑到当时的硬件限制，他们大约花了 3 天时间来调试网络，与早期的努力相比，这仍然是一个显著的改进。1989 年 3 月，蒂姆·伯纳斯-李（Tim Berners-Lee）写了《信息管理：一个建议》，并在欧洲核子研究组织（European organization for nuclear research，CERN）传播。

1990 年，罗德尼·布鲁克斯（Rodney Brooks）出版了《大象不会下棋》，他在其中提出了一种新的人工智能构建智能系统（特别是机器人）的方法，该方法要求在与环境的持续物理互动的基础上从零开始。他说过：“这个世界是人工智能最好的模型……关键是要经常适当地感知世界。”1990 年 10 月，蒂姆·伯纳斯-李开始在他的新 NeXT 计算机上为一个客户端程序编写代码，该程序是一个浏览器/编辑器，他将其称为万维网。

1993 年，维诺·温格（Vernor Vinge）出版了《即将到来的技术奇点》一书，他在书中预言“在 30 年内，我们将拥有创造超人智能的技术手段”。

1994 年 9 月，《商业周刊》发表了一篇关于“数据库营销”的文章。该文章指出，“公司正在收集关于你的大量信息，通过分析来预测你购买一种产品的可能性，然后利用这些信息来精心制作一份精确校准的营销信息，进而让你购买……许多公司认为，他们别无选择，只能勇敢地追赶数据库营销的前沿。”

（5）稳步发展期：20 世纪 90 年代中—2010 年。网络技术（特别是互联网技术）的发展，加速了人工智能的创新研究，促使人工智能技术进一步走向实用化。

1995 年，受约瑟夫·魏森鲍姆 ELIZA 程序的启发，理查德·华莱士（Richard Wallace）开发了聊天机器人 A.L.I.C.E，并且由于网络的出现，它使自然语言样本数据收集的规模增加到了前所未有的水平。

1997 年，赛普·霍克赖特（Sepp Hochreiter）和于尔根·施密德胡伯（Jürgen Schmidhuber）提出了长短期记忆（long short-term memory，LSTM）的概念，它是一种目前用于手写识别和语音识别的循环神经网络（recurrent neural network，RNN）。1997 年 10 月，迈克尔·考克斯（Michael Cox）和戴维·埃尔斯沃思（David Ellsworth）在 IEEE 第八届可视化会议上发表了《应用程序控制的内核外可视化需求分析》。他们在文章的开头写到："可视化为计算机系统提供了一个有趣的挑战：数据集通常相当大，大到主内存、本地磁盘甚至远程磁盘的容量都很难满足。"我们将其称为大数据问题。当数据集不适合主内存（核心）或当它们甚至不适合本地磁盘时，最常见的解决方案是获取更多的资源。这是国际计算机协会（Association for Computing Machinery，ACM）数字图书馆中第一篇使用"大数据"这个术语的文章。1997 年，IBM 公司深蓝超级计算机战胜了国际象棋世界冠军卡斯帕罗夫，成为人工智能史上的一个重要里程碑。

之后，人工智能开始了平稳向上的发展。1998 年，第一个谷歌索引拥有 2600 万个网页。1998 年，戴夫·汉普顿（Dave Hampton）和凯莱布·钟（Caleb Chung）创造了第一个宠物机器人 Furby。1998 年，杨立昆和约书亚·本吉奥（Yoshua Bengio）等人发表了关于神经网络在手写识别和反向传播优化方面的应用论文。1998 年 10 月，K.G.科夫曼（K.G.Coffman）和安德鲁·奥德兹科（Andrew Odlyzko）发表了《互联网的规模和增长率》。他们得出的结论是："公共互联网的流量增长率虽然比通常引用的要低，但仍然达到了每年 100%左右，这远远高于其他网络的流量。"因此，如果目前的增长趋势继续下去，美国的数据流量将在 2002 年左右超过语音流量，并将由互联网主导。

2000 年，谷歌公司的网络指数突破 10 亿大关。2000 年，麻省理工学院的辛西娅·布雷扎（Cynthia Breazeal）开发了基斯梅特（Kismet），它是一个可以识别且模拟情感的机器人。2000 年，本田推出了名为 ASIMO 的机器人，它是一个人形的人工智能机器人，能够像人类一样快速行走，并且能够在餐厅为顾客上菜。2000 年 10 月，加利福尼亚大学伯克利分校的彼得·莱曼（Peter Lyman）和哈尔·R.瓦里恩（Hal R.Varian）发表了《2003 年信息量有多大》，它是第一个从计算机存储的角度量化世界上每年产生的新信息和原始信息（不包括副本）总量的综合性研究文章。研究发现，1999 年，世界产生了大约 1.5EB 的独特信息，或者说地球上每个人大约产生 250MB 的信息。同时还发现，“大量独特的信息是由个人创造和存储的”（称为“数据民主化”），“数字信息的生产不仅是总量最大的，也是增长最快的”。莱曼和瓦里恩称这一发现为“数字化的主导”，并指出“即使在今天，大多数文本信息‘生来就是数字化的’，在今后的几年内图像也将如此”。2003 年，还是这群研究人员进行了一项类似的研究，他们发现 2002 年世界产生了大约 5EB 的新信息，92%的新信息被存储在磁性介质（大部分是硬盘）中。

2003 年，日本 AIST 智能系统研究所的柴田崇德（Takanori Shibata）设计的治疗机器人小海豹 Paro 入选“最佳计算机经销商博览会决赛选手”。2004 年，第一届美国国防高级研究计划局（Defense Advanced Research Projects Agency，DARPA）自动驾驶汽车大奖赛在莫哈韦沙漠举行。然而，不幸的是，没有一辆自动驾驶汽车完成 241.4km 的路线。

2006 年，奥伦·艾奇奥尼（Oren Etzioni）和米歇尔·班科（Michele Banko）创造了术语“机器阅读”，并将其定义为一种固有的无监督的对文本的自主理解。2006 年，李飞飞教授意识到了专家学者在研究算法的过程中忽视了“数据”的重要性，于是带头构建大型图像数据集——ImageNet，图像识别大赛由此拉开帷幕。同年，杰弗里·辛顿发表了里程碑式的文章《学习多层表示》，其中总结了深度学习（deep learning）的新方法，这种方法包含自上而下连接的多层神经网络，并训练它们生成数据而不是分类数据。杰弗里·辛顿在神经网络的深度学习领域取得突破，人类又一次看到机器赶超人类的希望，这也是标志性的技术进步。由于人工神经网络的不断发展，“深度学习”的概念被提出，之后，深度神经网络和卷积神经网络开始不断映入人们的眼帘。深度学习的发展又一次掀起人工智能的研究狂潮，这一次狂潮至今仍在持续。

2006 年，达特茅斯人工智能大会的主题是“人工智能未来的 59 年”，以此纪念 1956 年研讨会 50 周年。大会主席总结到：“尽管人工智能在过去 50 年里取得了很大的成功，但该领域仍存在许多显著的分歧。例如，不同的研究领域经常不合作，研究人员使用不同的研究方法，目前还没有统一该学科的智力或学习的通用理论。”

2007 年，国际数据公司（international data corporation，IDC）的约翰·F.甘茨（John F.Gantz）、大卫·雷因瑟（David Reinsel）和其他研究人员发布了白皮书《不断扩张的数字宇宙：到 2010 年全球信息增长的预测》，其中估计和预测了全球每年创建和复制的数字数据量。据国际数据公司估计，2006 年全球产生了 161EB 的数据；并且其预测，在 2006 年至 2010 年间，数字世界每年信息将增加 6 倍以上，达到 988EB，即每

18 个月增加一倍。根据之后国际数据中心公布的结果，每年创建的数字数据量超过了这个预测，2010 年达到 1227EB，2012 年增长到 2837EB。

2008 年，IBM 公司提出“智慧地球”的概念。

2009 年，拉贾特 • 雷纳（Rajat Raina）、阿南德 • 马达万（Anand Madhavan）和吴恩达（Andrew Ng）发表了《使用 GPU 的大规模深度无监督学习》，认为“现代 GPU 的计算能力远远超过多核 CPU，并且有可能彻底改变深度无监督学习方法的适用性。”谷歌公司开始秘密研发自动驾驶汽车。2014 年，谷歌公司的自动驾驶汽车在内华达州通过第一个自动驾驶测试。美国西北大学智能信息实验室的计算机科学家开发了 Stats Monkey，它是一个无须人工干预就能编写体育新闻故事的程序。

2010 年，ImageNet 大型视觉识别挑战赛正式举办，这是一项年度人工智能物体识别比赛。2010 年，肯尼斯 • 舒格（Kenneth Cukier）在《数据，无处不在的数据》中写到：“数据科学家作为一种新的专业人士出现了，他们结合了软件程序员、统计学家和故事讲述者/艺术家的技能，从海量数据中挖掘出金块。”以上都是这一时期的标志性事件。

（6）蓬勃发展期：2011 年至今。随着大数据、云计算、互联网、物联网等信息技术的发展，泛在感知数据和图形处理器等计算平台推动以深度神经网络为代表的人工智能技术飞速发展，大幅跨越了科学与应用之间的“技术鸿沟”，诸如图像分类、语音识别、知识问答、人机对弈、自动驾驶等人工智能技术实现了从“不能用、不好用”到“可以用”的技术突破，人工智能技术迎来爆发式增长的新高潮。在此期间，产生了众多突破性的进展和标志性事件，例如，谷歌公司的无人车创下了 16 万 km 无事故的纪录；语音识别和视觉识别方面获得了突破性进展，准确率大幅度提升，使各种人脸识别设备和语音助手的落地应用变成现实；刷脸门禁、刷脸检票、刷脸支付等，各种语音客服、语音助手，像微软的小冰、苹果的 Siri、百度的小度等，都获得了广泛的应用。还有一些其他的标志性事件，例如，2011 年卷积神经网络以 99.46%的准确率赢得了德国交通标识识别竞赛（人类的最高准确率为 99.22%）；2011 年自然语言问答计算机 Watson 在美国老牌益智节目“危险边缘”（Jeopardy！）中击败了前两届的冠军；2011 年瑞士人工智能研究所报告称，使用卷积神经网络的手写识别误差率可以达到 0.27%，比几年前的 0.35%～0.40%有所改善。

2012 年 6 月，杰夫 • 迪恩（Jeff Dean）和吴恩达公布了一项实验。在实验中，他们向一个非常大的神经网络展示了从 YouTube 视频中随机选取的 1000 万张未标记的图片，“令我们感到有趣的是，我们的一个人工神经元学会了对猫的照片做出强烈的反应……”。2012 年 9 月，汤姆 • 达文波特（Tom Davenport）和 D.J.帕蒂尔（D.J.Patil）在《哈佛商业评论》上发表了《数据科学家：21 世纪最性感的工作》。2012 年 10 月，多伦多大学研究人员设计的卷积神经网络在 ImageNet 大型视觉识别挑战赛中实现了仅16%的错误率，相比前一年25%的错误率有了显著的改善。

2016 年 3 月，谷歌 DeepMind 研发的 AlphaGo 已经可以在围棋比赛中战胜人类顶尖选手李世石，2017 年 AlphaGo 战胜柯洁，2017 年新的程序 AlphaZero 又战胜了 AlphaGo。AlphaZero 是完全根据不同原理重新设计而成的，它已经完全不需要人类的棋谱，从空白状态开始，自己与自己下棋，下了 3 天约 490 万盘棋后，便能够以 100：0 的成绩战胜 AlphaGo。

2019 年，全球互联网用户超过 40 亿。2019 年 3 月国际计算机协会（ACM）授予约书亚 • 本吉奥、杰弗里 • 辛顿和杨立昆 2018 年国际计算机协会 A.M.图灵奖。ACM 主席切瑞 • M.潘凯克（Cherri M.Pancake）说："人工智能现在是所有科学领域中发展最快的领域之一，也是社会上谈论最多的话题之一，本吉奥、辛顿和杨立昆为深度学习奠定了基础，这在很大程度上得益于深度学习方面的最新进展。这些技术的使用人数已超过 10 亿。"

人工智能的第三次高潮期之所以能够取得这么多突破性的进展，主要得益于算法、算力、算料这 3 方面的重大进展和突破。

在算法方面，其实从技术分类的角度来看，第二次和第三次人工智能高潮期的模型都是多层神经网络模型，差别就在于神经网络模型的复杂度不同，第二次高潮期的神经网络模型相对比较简单，只能解决一些简单任务，如下国际象棋这种程度的任务。然而现实生活还有很多更复杂的问题，如无人驾驶任务，以当时的模型复杂度是解决不了的。在第三次人工智能高潮期，深度学习理论取得了巨大突破，神经网络模型的深度和复杂度得到了极大提升，模型深度动辄一两百层，这样的好处就是模型变得更复杂，可以去学习更加复杂的模式，解决更加复杂的问题，如无人驾驶这种复杂程度的任务，已经从以前的"无法解决"慢慢转变成"接近可以解决"了。

在算力方面，随着 GPU、人工智能芯片、云计算等技术的蓬勃发展，算力方面迎来了快速发展。

在算料方面，随着互联网、移动互联网、物联网、大数据等信息技术的发展，数据量也呈爆炸式增长。

总的来说，人工智能第三次高潮期同时也是一个伟大的转变期，很多人工智能技术正在从以前的"不能用、不好用"慢慢转变成"接近可以用"了。

到目前为止，人工智能呈现出总体向上的发展历程。

早期由于受到计算机算力的限制，机器学习处于慢速发展阶段，人们更注重于将逻辑推理能力和人类总结的知识赋予计算机。但随着计算机硬件的发展，尤其是

GPU 在机器学习中的应用，计算机可以从海量的数据中学习各种数据特征，从而很好地完成人类分配给它的各种基本任务。

从诞生以来，机器学习经历了长足发展，现在已经被应用于极为广泛的领域，机器学习和深度学习未来发展的一大趋势——自动机器学习（AutoML）和自动深度学习（AutoDL），也受到了大家的特别关注。

目前，深度学习开始在语音、图像等领域大获成功，各种深度学习网络层出不穷，完成相关任务的准确率也不断提升。同时，深度学习神经网络朝着深度更大、结构更加巧妙和复杂的方向推进，GPU 的研发与应用也随着神经网络对算力要求的不断提高而持续快速向前推进。

随着深度神经网络的不断发展、各种模型和新颖模块的不断开发与利用，人们逐渐意识到开发一种新的神经网络结构越来越费时费力。为什么不让机器自己在不断的学习过程中创造出新的神经网络呢？出于这种构思，2017 年谷歌公司推出了 AutoML——一个能自主设计深度神经网络的 AI 网络，紧接着在 2018 年 1 月发布了第一款产品，并将它作为云服务开放出来，称为 Cloud AutoML。自此，人工智能又有了更进一步的发展，人们开始探索如何利用已有的机器学习知识和神经网络框架来让人工智能自主搭建适合业务场景的网络，人工智能的另一扇大门被打开。

在过去的 2020 年，人工智能得到了蓬勃的发展，新一代人工智能技术在全球蓬勃兴起，迅猛发展，与大数据、区块链、5G 等新技术相互融合、相互因应，为经济社会发展（尤其是数字经济发展）注入新动能，正在深刻改变社会生产、生活方式。与此同时，如何在新技术变革浪潮中始终立于主动，实现人工智能等前沿科技领域有效治理，确保其持续健康发展，也随之成为一个国际国内、社会各界广泛关注的重大现实问题、重大时代议题。

人工智能治理是复杂性、系统性很高的社会议题，涵盖政策、技术、产业、法律、传播、伦理、安全、国际关系、意识形态等诸多领域。与之相应，对国际国内人工智能治理标志性事件开展研究，也必然需要各界协同，共同推动。为此，人民智库与旷视人工智能治理研究院成立联合课题组，共同开展“2020 年度全球十大人工智能治理事件”遴选、评议，组织相关领域专家、学者，从人工智能与公众福祉、人工智能与公平正义、人工智能政府（企业）治理、人工智能系统安全性与数据隐私安全等主要维度出发，依据理论价值、实践价值、新闻价值、研究价值等评价标准进行评议，并面向社会公众开展在线问卷调查，对人工智能产业领域从业者，相关部委、行业协会领导专家等典型群体进行深入访谈。经综合各方面资料、数据、意见、观点，最终得出 2020 年度全球十大人工智能治理事件。

（1）人工智能成“监工”：算法下外卖骑手挑战交通规则，“助手”可能变为“杀手”。

为提高配送效率，一些外卖平台研究开发了实时智能配送系统。借助人工智能算法，平台可以最优化地安排订单，也能给骑手规划最合理的路线。但出于平台、骑手和用户三方效率最大化的目标，人工智能算法将所有时间压缩到了极致，为了按时完成配送，骑手们只能用超速去避免超时这件事发生。超速、闯红灯、逆行……外卖骑手挑战交通规则的举动是一种逆算法，是骑手们长期在系统算法的控制与规训之下做出的不得已的劳动实践，而这种逆算法的直接后果则是外卖员遭遇交通事故的数量急剧上升。同时，这也意味着，在很多人类劳动者和人工智能的协作专业工作中，人类将处在被管辖和被监督之下。

（2）人工智能可以翻译大脑想法，将大脑信号转化为文本数据，“读懂意识”让隐私无处遁藏。

加利福尼亚大学的约瑟夫·马金（Joseph Makin）博士在《自然神经科学》杂志上发表了其研究发现，其开发了一个系统，该系统可以将大脑活动转换为文本数据，单句错词仅3%。实验参与者被要求多次朗读50个固定句子，研究者跟踪了他们讲话时的神经活动。这些神经活动数据随后被输入机器学习算法中，系统能将每个口述句子的大脑活动数据转换为数字字符串。不过，由于通过脑机接口翻译大脑想法的技术对人们的隐私构成了强大的威胁，因此一直伴随着不小的争议。

（3）全国首例：法院认定人工智能生成文章构成作品，拥有著作权。

2020年1月，广东省深圳市南山区人民法院一审审结原告深圳市腾讯计算机系统有限公司诉被告上海某科技有限公司侵害著作权及不正当竞争纠纷一案，认定人工智能生成的文章构成作品。此案系全国首例认定人工智能生成的文章构成作品案件。此案明确了人工智能生成物的独创性判断步骤，并在如何看待人工智能生成物的创作过程以及相关人工智能使用人员的行为能否被认定为法律意义上的创作行为的问题上做出了探索，认定人工智能生成的文章构成作品，对于今后同类型案件的审理有一定的借鉴意义。

（4）欧美、韩国相继出台人工智能治理新规，严格限制，甚至禁止相关人工智能技术在某些场景的发展和应用。

欧盟委员会发布《人工智能白皮书》，希望通过不断实现科学突破，维护欧盟的技术领先地位并确保新技术在尊重人权的基础上，改善人们生活。当前欧洲采取了一致的方法来应对人工智能对人类和社会道德的影响，并思考了如何利用大数据进行创新。欧盟正在考虑禁止在公共场所使用人脸识别技术长达5年，以便有时间研究如何防止这种技术被滥用。欧盟委员会表示，在为期3年至5年的禁令期间，“可以确定和制定评估这一技术的影响和可能的风险管理措施的健全方法”。欧盟文件称，对于安全项目以及科技研发活动，禁令可能会有例外。该文件还建议，对人工智能的开发者和用户都施加一些义务，欧盟国家的政府应该指定监管机构来监管新规则。韩国科学技术信息通信部 2020 年 11 月 27 日与情报通信政策研究院共同发布《国家人工智能伦理标准》，提出理想的人工智能开发和运用方向，指出人工智能需以人为中心。在开发和运用人工智能的过程中，需遵守维护人的尊严、社会公益和技术合乎目的这三大原则。此外，美国东海岸城市波士顿通过了禁止面部识别技术用于市政用途的投票。这是自 2019 年 5 月旧金山颁布此项禁令以来，采用此项禁令的第二大美国城市。该法令获得一致通过，该法令将阻止城市使用人脸识别技术或获得使用该技术进行监视的软件。此后，俄勒冈州波特兰、缅因州波特兰也均通过了类似禁令以限制该技术在政府部门的应用。

（5）人工智能向善，技术预警独居老人水表及校园暴力行为。

“水表”和“老人安全”看似没有关联，但在上海市长宁区江苏路街道“一网统管”平台，隐藏背后的逻辑清晰可见——当独居老人家中超过 12h 用水不足 $0.01m^3$ 时，系统会判断老人家中有事，并及时向居委会预警。一个小小的设计，没有像使用摄像头那样不得不关注老人过多的隐私，也无须大量的经济和人力投入，就能实现对老年人的关爱，甚至关键时刻能挽救老人的生命。北京某科技公司生产的校园暴力人工智能防控语音侦测设备，可以作为视频监控的补充而出现在校园安全解决方案当中，为平安校园再添新色彩。该产品通过人工智能音频识别、全天候监控异常声音、自动报警及声光驱离等技术，重点勘察校园视频监控“死角”，在校园霸凌事件发生中及时干扰、阻止，制止校园暴力的发生。

（6）美国科技巨头依据自身道德判断，加强企业自律及对人工智能技术的监管。

据外媒消息，IBM 公司将不再提供、开发或研究人脸识别技术，并表示“IBM 坚决反对并且不会容忍将任何人脸识别技术用于大规模监视、侵犯基本人权和自由或与我们的宗旨不符的任何行为。”此外，亚马逊、微软公司也均表态要支持种族平等，叫停人脸识别：亚马逊公司声明暂停向警方提供人脸识别技术一年时间；微软公司也表态停止向警方销售人脸识别软件，直到有相关国家法律出台。欧盟有关方面和微软、IBM 等科技巨头共同签署了《人工智能伦理罗马宣言》，讨论如何规范人工智能的社会影响，这是欧盟推动全球数字经济监管新标准的举措。与美国不同，在数字经济和人工智能领域，欧盟采取的是先规范后发展的路径。《人工智能伦理罗马宣言》指出，人工智能技术应尊重个人隐私，以可靠而无偏见的方式工作，考虑所有人的需求，并以透明方式运作。这些表述显示欧盟担忧人工智能的负面影响，认为人工智能系统尚处于研究阶段，其做出的决定往往难以预测。谷歌公司启动了

800多名员工的初始“技术道德”培训，还针对人工智能原则问题发起了新的培训。谷歌公司最近发布了此培训的一个版本，作为面向客户的Cloud团队的必修课程，已有5000名Cloud员工参加了该培训。这些员工提出了一些关键问题来发现潜在的道德问题，如人工智能应用程序是否会导致经济、教育上的排斥或造成身体、心理、社会、环境伤害。

（7）自动驾驶服务进入快车道，“无人车”行驶背后的权责归属引关注。

据不完全统计，我国有融资信息的无人驾驶相关企业超过70家，融资金额高达数百亿元。此外，我国共有超过1.2万件与自动驾驶相关的专利，其中于2019年新申请的专利超过3000余件。2020年10月，百度官方微博发布，自动驾驶出租车服务在北京经济技术开发区、海淀区、顺义区等地全面开放，数十个自动驾驶出租车站点不需要提前预约，直接下单就能免费试乘自动驾驶出租车服务。目前在中美两地已有近400人的团队开展研发、测试，已获得北京、上海、苏州、美国加州等地路测资格。

（8）人工智能技术突破现有边界，具备“自主意识”，可实现独立研发、自我修复等功能。

美国麻省理工学院科学家在《细胞》杂志撰文称，他们新研制出的一种深度学习人工智能技术，鉴定出一种全新抗生素。实验室测试表明，这种抗生素能有效杀死多种致病细菌，包括一些对所有已知抗生素耐药的菌株。美国佛蒙特大学计算机科学家和塔夫茨大学生物学家共同创造出100%使用青蛙DNA的可编程活体机器人Xenobot，这种机器人体长仅0.04in（约1mm），能按照计算机程序设计的路线移动，还能负载一定的重量，携带药物在人体内部移动。Xenobot具有自我修复功能，当科学家把它们进行切割时，机器人会自行愈合并继续移动。佛蒙特大学表示，这些是“完全新的生命形式”，“它们既不是传统的机器人，也不是已知的动物物种。它是一类新的人工制品：一种活的可编程生物。”

（9）湖南岳阳警方破获人工智能犯罪案，技术犯罪仍要惩罚人。

湖南省岳阳市岳阳楼公安分局联合岳阳市公安局网技支队破获了一起利用人工智能语音机器人实施诈骗的帮助网络犯罪案，抓获犯罪嫌疑人19人，查获了大量作案计算机和手机，扣押涉案现金100余万元，冻结涉案资金1000余万元。该团伙利用人工智能语音机器人对非法获取的大批量手机号码进行拨打，通过人工智能语音机器人筛选后，将正在炒股或者有炒股意向的受害人拉入预先建立的虚假炒股微信群，进而实施诈骗。

（10）人工智能首次控制美国军用系统，或将开启算法战的新时代。

从2017年开始，美国空军大步向数字化时代迈进，开发出军用人工智能算法，组

建了五角大楼第一批商业化开发团队，编写云代码，甚至还建立了一个战斗云网络。通过该网络，美军以极高的机器响应速度击落了一枚巡航导弹。2020 年 12 月 15 日，美国空军在美国加利福尼亚州首次成功使用人工智能副驾驶控制一架 U2 侦察机的雷达和传感器等系统。

这些事件反映人工智能治理领域实践探索和前沿趋势，反映新一代人工智能技术的广泛应用前景，反映公众对人工智能治理，引导科技向善，助力政府、机构、企业的多层次、多样化参与，通过新一代信息技术的良性发展增进人类福祉、改善民生的热切期待。

1.2.2 人工智能的发展现状

人工智能经历了将近 70 年的漫长曲折发展过程，逐步完善、壮大，成为科技领域中一轮冉冉升起的太阳，播撒出大量的能量，照亮了整个领域，让每个角落的技术都焕发出新的生命力，世界也因为它而产生了翻天覆地的变化。近年来，人工智能已经成为世界各国科技竞争的新焦点，激烈的竞争对人工智能技术的发展产生了巨大的推动作用，人工智能核心技术成果不断涌现，技术应用落地在各个应用领域，欣欣向荣的发展景象让整个世界对人工智能充满信心与期望。

1. 人工智能核心技术的发展现状

人工智能核心技术成果一般以论文及专利的形式向外界公布。近十多年来，人工智能领域高水平论文发表量整体上呈现稳步增长态势，不断有新的高价值研究成果出现。图 1.2 中给出了 2010 年至 2019 年人工智能领域高水平论文发表数量统计，论文涵盖当前最热门的研究方法，如深度学习、小样本学习、进化算法、量子计算等。

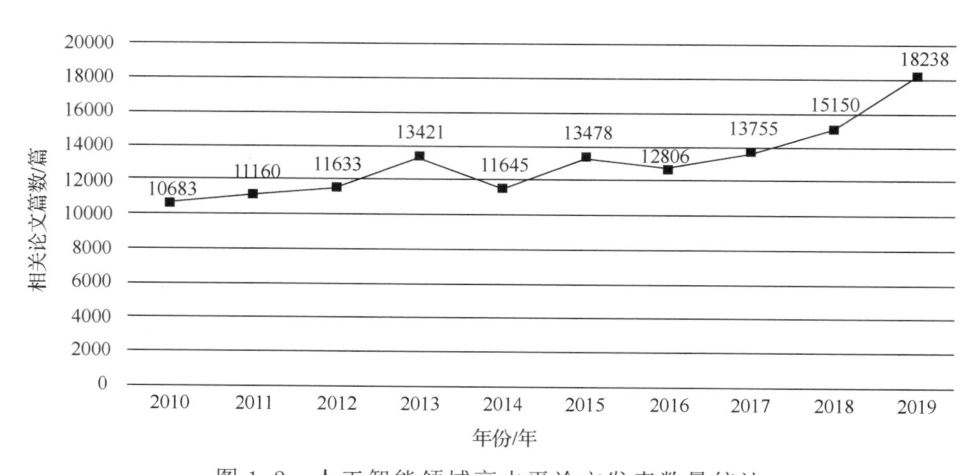

图 1.2 人工智能领域高水平论文发表数量统计

从高水平科研论文的国家分布来看，人工智能领域高水平论文发表量居于前十的国家依次是美国、中国、德国、英国、日本、加拿大、法国、韩国、意大利和澳大利亚，如图 1.3 所示。美国和中国的高水平论文发表量明显高于其他国家，分别居第一位、第二位。从论文的国际合作情况来看，美国和中国的人工智能领域高水平论文发表均存在较多的跨国合作现象。其中，人工智能技术实力领先的美国所参与的高水平论文跨国合作最多，是各国的主要合作国家。过去 10 年（2010—2019 年），美国的 33255 篇人工智能领域高水平论文中，出现过中国、英国、加拿大、德国、印度等（30 多个）合作国家，合作国家数量最多；中国的跨国科研合作国家数量位居第二，在 22686 篇人工智能领域高水平论文中，出现了美国、加拿大、新加坡、英国、日本等多个合作国家。

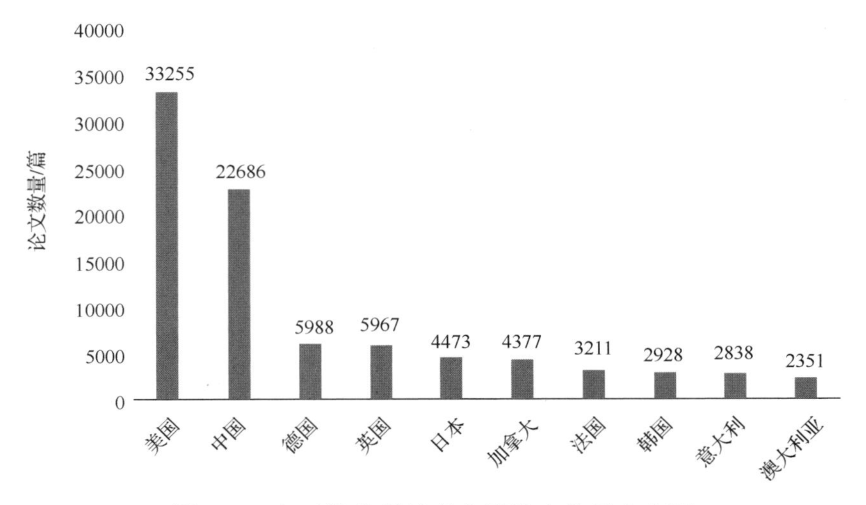

图 1.3 人工智能领域高水平论文数量分布图

美国的人工智能领域高水平论文平均引用率为 44.99%，中国的人工智能领域高水平论文平均引用率为 31.88%。相比而言，中国和美国合作论文的平均引用率达 51.2%，其影响力明显高于中国和美国各自论文的平均引用水平。由此可见，人工智能领域的发展是人类社会的整体任务，加强国际合作是未来人工智能的必由之路，强强联合将大大增加人工智能技术发展的核心推动力，人工智能不应只属于任何一个国家。

斯坦福大学出版的《2021 年度 AI 指数报告》中的统计数据显示，在 2020 年，中国的人工智能期刊论文在世界上的引用比例首次超过美国，如图 1.4 所示。早在 2004 年，中国的人工智能期刊论文总发表数量短暂超过美国，然后在 2017 年重新占据领先地位。然而，在过去 10 多年里，美国被引用的人工智能会议论文一直明显多于中国。

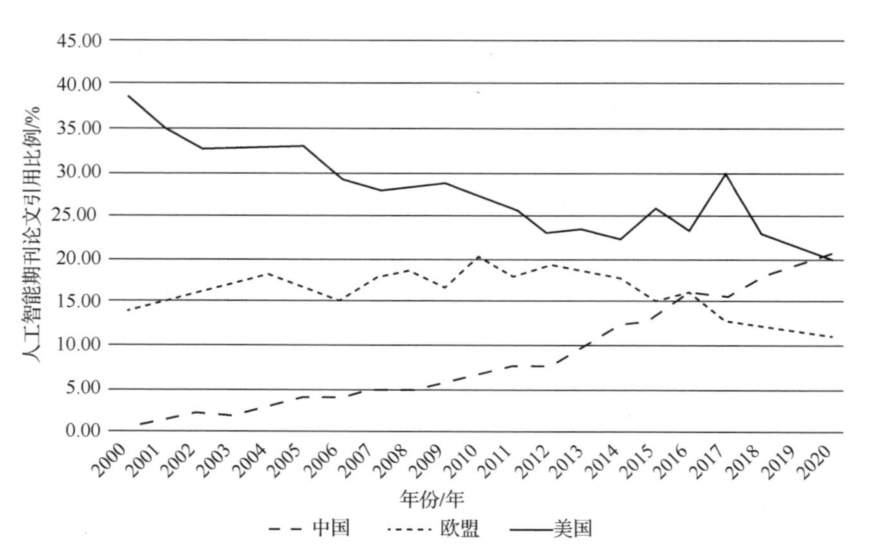

图 1.4 人工智能期刊论文引用频次统计

人工智能领域顶级期刊和会议每年都会在众多学术研究论文中，通过“双盲评审”，评选出最有新意和价值的研究论文作为最佳研究论文，并授予“最佳论文”奖项。图 1.5 给出了 2011—2020 年间人工智能领域国际顶级会议“最佳论文”奖项数量统计，从中可以发现过去 10 年荣获“最佳论文”奖项的论文来自 34 个国际顶级会议、共计 440 篇。从所属子领域来看，这些最佳论文覆盖了机器学习、计算机视觉、自然语言处理、机器人、知识工程、语音识别、数据挖掘、信息检索与推荐、数据库、可视化、安全与隐私、计算机网络、计算机系统、计算理论、经典 AI、芯片技术等子领域。

会议简称	所属子领域	最佳论文数量/篇	会议简称	所属子领域	最佳论文数量/篇
FOCS	计算理论	23	OSDI	计算机系统	12
ISSCC	芯片技术	22	SIGMOD	数据库	12
S&P	安全与隐私	22	SOSP	计算机系统	12
IEEE VIS	可视化	21	MobiCom	计算机网络	11
CCS	安全与隐私	20	WSDM	数据挖掘	11
ISWC	知识工程	20	WWW	信息检索与推荐	11
STOC	计算理论	20	ICLR	机器学习	10
ICML	机器学习	18	IJCAI	经典AI	10
NeurIPS	机器学习	16	IROS	机器人	10
AAAI	经典AI	14	ReeSys	信息检索与推荐	10
ICRA	机器人	14	SIGIR	信息检索与推荐	10
SIGCOMM	计算机网络	14	KDD	数据挖掘	9
VLDB	数据库	14	FPGA	芯片技术	7
EMNLP	自然语言处理	13	ECCV	计算机视觉	6
ACL	自然语言处理	12	ICCV	计算机视觉	5
CVPR	计算机视觉	12	KR	知识工程	5
DAC	芯片技术	12	ICASSP	语音识别	2

图 1.5 2011—2020 年间人工智能领域国际顶级会议“最佳论文”奖项数量统计

论文引用量可用于衡量一个科研文献被业界认可的程度，也是该文献影响力的重要体现。图 1.6 给出了人工智能国际顶级会议、顶级期刊 2011—2020 年间所发表论文中引用量前十的论文，其引用量及所属子领域的分布情况。人工智能不同子领域最高引用量论文引用量的量级跨度很大，以机器学习领域为首，其次是计算机视觉领域。机器学习和计算机视觉领域最高引用量论文的引用量均达到 25 万次以上，明显高于其他子领域最高引用量论文的引用量。在所有子领域之中，知识工程领域最高引用量论文的引用量最小，不足机器学习领域最高引用量论文引用量的 2%。

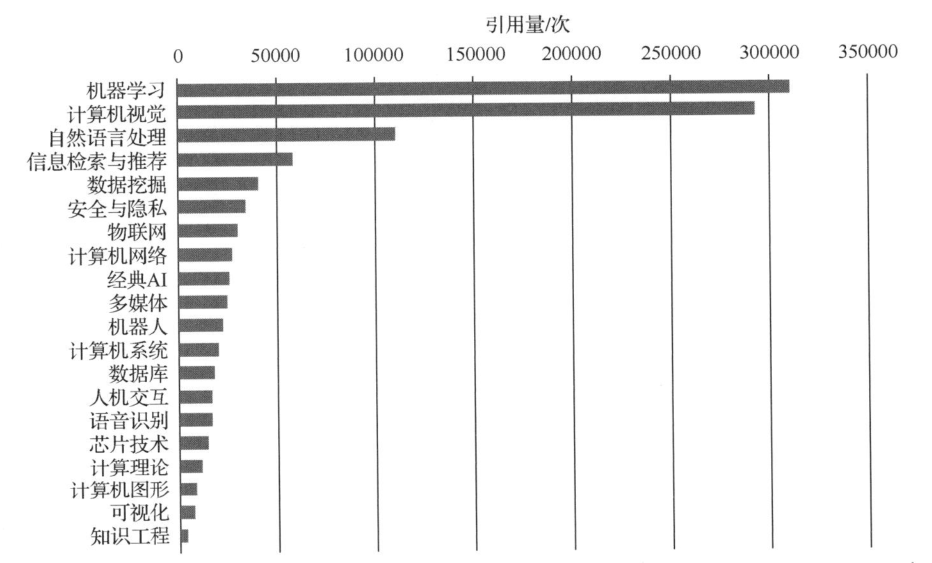

图 1.6　人工智能国际顶级会议、顶级期刊 2011—2020 年间所发表论文的引用量（前十）及所属子领域的分布情况

随着核心算法的突破、计算能力的迅速提升以及海量数据的支撑，全球范围内，2010—2020 年人工智能领域的专利申请量为 521264 个，年度变化趋势如图 1.7 所示。

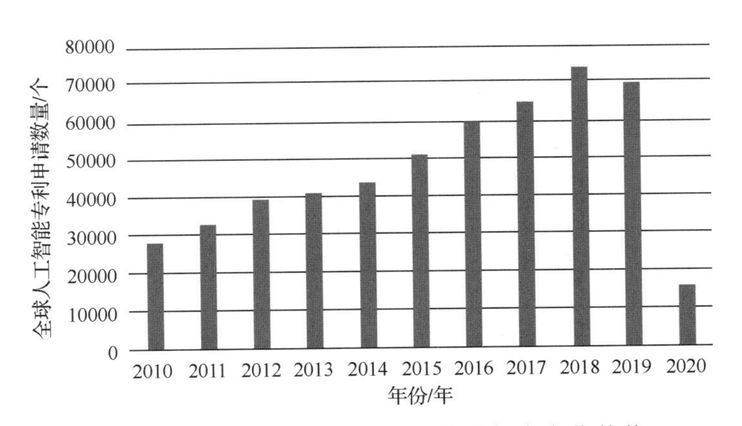

图 1.7　全球人工智能专利申请量年度变化趋势

图 1.8 给出了全球人工智能专利申请数量排名领先的国家或地区。从图 1.8 中可以看出，全球人工智能专利申请集中在中国、美国、日本、韩国。其中，中国和美国处于领先地位，遥遥领先其他国家。中国专利申请量为 389571 个，位居世界第一，占

全球总量的 74.7%，是排名第二的美国的 8.2 倍。全球人工智能专利申请中，将近一半的申请者是企业，高校和研究所的相关申请量共计约占两成。

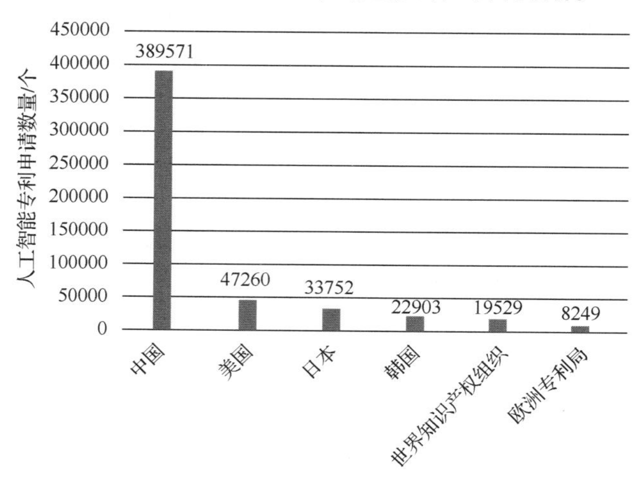

图 1.8　全球人工智能专利申请数量排名领先的国家或地区

全球人工智能专利申请量前十的机构集中在日本、中国、韩国和美国，如图 1.9 所示。其中，日本的佳能是一家致力于图像、光学和办公自动化产品的公司，该公司的绝大多数专利都与成像有关，申请量最高的人工智能功能应用类别是计算机视觉；美国 IBM 公司的专利申请很多都与 IBM 的自然语言处理和机器学习技术有关；中国国家电网的专利申请多与电网控制、配电利用网络、风电场、绿色能源等领域的人工智能开发有关。

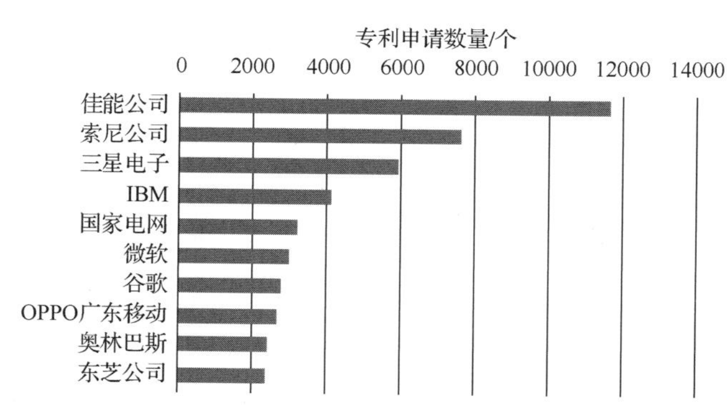

图 1.9　全球人工智能专利申请量前十的机构分布图

人工智能在几个重点研究领域的发展现状如下。

（1）计算机视觉

自 20 世纪 60 年代开始，计算机视觉取得了长足的进步，特别是在图像分类、人脸识别、目标检测、医疗读图等任务上逼近甚至超越了普通人类的视觉能力。计算机视觉迎来了前所未有的关注和接踵而至的投资热潮，2019 年中国计算机视觉市场规模达到 450 亿元，2020 年达 780 亿元，2021 年突破 1000 亿元，达 1120 亿元。并且在中国人工智能创业公司所属领域分布中，计算机视觉领域拥有最多的创业公司，包括商汤、旷视、云从、依图等众多硬科技公司。美国在计算机视觉领域一直处于前沿，但中国已悄悄开始“超车”，中国计算机视觉领域精英们正在撼动美国在人工智能领域的领导地位，并逐渐获得了世界的肯定，使中国迎来了巨大的机遇。

根据 Tractica 的分析，2016—2025 年计算机视觉最受欢迎的十大用例包括视频监控、机器/车辆物体检测/识别/避让、医学图像分析、增强现实（augment reality，AR）/虚拟现实（virtual reality，VR）、定位和制图、将文本工作转换为数据、人类情感分析、广告插入图像和视频、人脸识别、房地产开发优化。

（2）机器学习

机器学习专门研究计算机怎样模拟或实现人类的学习行为，以获取新的知识或技能，重新组织已有的知识结构，使之不断改善自身的性能。目前热门的机器学习研究方向包括生成对抗网络（generative adversarial network，GAN）/对抗学习、自动机器学习、可解释性机器学习、在线学习等。

① 生成对抗网络。生成对抗网络不需要标记数据，它可以完成生成高质量图像、图片增强、从文本生成图像等任务。深度卷积生成对抗网络（deep convolutional GAN，DCGAN）是早期重要的研究成果，它可以稳定训练和生成更高质量的样本。条件式生成对抗网络（conditional GAN，CGAN）使用额外的标签信息生成更高质量图像，并且使图像的呈现可控制。生成对抗网络修改损失函数以引入沃瑟斯坦（Wasserstein）距离，使损失函数同图像质量建立联系。渐进式发展生成对抗网络（progressive growing of GANs，ProGANs）在训练过程中，逐步嵌入新的高分辨率层次来生成相当逼真的图像。

② 自动机器学习。自动机器学习旨在通过让一些通用步骤（如数据预处理、模型选择和调整超参数）自动化来简化机器学习中生成模型的过程。自动机器学习是指尽量不通过人来设定超参数，而是使用某种学习机制来调节这些超参数。自动机器学习包括以下一些重要研究方向：超参数优化（hyper-parameter optimization，HPO），最常见的超参数优化是黑盒优化（black-box optimization）；元学习（meta learning），元学习也就是“学习如何学习”，通过对现有的学习任务之间的性能差异进行系统观测，学习已有的经验和元数据，用于更好地执行新的学习任务；神经网络架构搜索（neural architecture search，NAS），其主要包括搜索空间定义、搜索策略设计、性能估计策略设计 3 个部分。

③ 可解释性机器学习。每个分类问题的机器学习流程中都应该包括模型理解和模型解释，从而可以为模型改进提供有力依据、增强模型可信性与透明度、事先预防偏差的增大以及消除它们。

④ 在线学习。在线学习可以有效地解决大数据高速增长的问题，引起了学术界和工业界的广泛关注。经过几十年的发展，在线学习已经形成了一套完备的理论。根据在线学习模型是线性还是非线性，在线学习可以分为线性在线学习和基于核的在线学习。在线学习既可以学习线性函数也可以学习非线性函数，既能够处理数据可分的情况也能够处理数据不可分的情况。

（3）自然语言处理

自然语言处理是计算机科学领域与人工智能领域的一个重要研究方向，旨在研究人机之间用自然语言进行有效通信的理论和方法。根据 Gartner 发布的《2018 世界人工智能产业发展蓝皮书》，到 2021 年，全球自然语言处理市场的价值会达到 160 亿美元。

近年来，自然语言处理研究领域最令人惊艳的成果是预训练语言模型，包括基于循环神经网络的 ELMO 和基于 Transformer 的 GPT 和 BERT。预训练语言模型的成功充分证明了我们可以从海量的无标注文本中学到大量潜在的知识，而无须为每一项自然语言处理任务都标注大量的数据。

基于深层神经网络的深度学习方法从根本上改变了自然语言处理技术的面貌，把自然语言处理问题的定义和求解从离散的符号域搬到了连续的数值域，导致整个问题的定义和所使用的数学工具与以前完全不同，极大地促进了自然语言处理研究的发展。

（4）数据挖掘

数据挖掘就是让系统自动地从大规模的数据中挖掘出有意义的知识或者模式。目前数据挖掘技术主要可以分为复杂数据挖掘与分布式数据挖掘。

复杂数据包括序列数据、图数据等。在序列数据挖掘中，基于注意力（attention）机制的 Transformer 模型表现出了巨大的潜力，在机器翻译等任务上取得了非常好的效果。随后，BERT 模型使用双向 Transformer 通过预训练方式在各种自然语言处理的任务上都达到了当时最好的效果。在图数据挖掘研究中，网络表示学习仍然是近年来非常热门的话题。从 DeepWalk 算法开始，基于随机游走的算法在无监督的表示学习任务中表现良好。

随着数据挖掘计算成本的增加和数据隐私保护的问题日益引起人们的重视，分布式数据挖掘开始备受关注。分布式数据挖掘遵循“全局分布、局部集中”的挖掘原则，利用分布式计算方式对分布式资源进行挖掘，通过整合局部知识来获得全局知识，以此降低计算成本并增强数据保密性。2018 年 5 月，《通用数据保护条例》（*General Data Protection Regulation*，GDPR）在欧盟正式生效，这也使基于隐私保护的分布式数据挖掘方法逐渐被研究者所重视。

（5）机器人技术

机器人是集机械、电子、控制、传感、人工智能等多学科先进技术于一体的自动化装备。机器人已经被广泛应用在装备制造、新材料、生物医药、智慧新能源等高新产业。机器人与人工智能技术、先进制造技术和移动互联网技术的融合发展，推动了人类社会生活方式的变革。全球机器人市场分布中，亚太市场处于绝对领先地位，2020年支出达1330亿美元，全球占比达71%；欧洲、中东和非洲为第二大市场；美洲是第三大市场。近年来，中国各地发展机器人积极性较高，行业应用得到快速推广，市场规模增速明显。2017年，我国机器人市场规模达到62.8亿美元，2020年达到100亿美元，2022年达到513亿美元。

机器人技术已进入智能应用期。这一阶段，随着感知、计算、控制等技术的迭代升级和图像识别、自然语言处理、深度认知学习等人工智能技术在机器人领域的深入应用，机器人领域的服务化趋势日益明显，逐渐渗透到社会生产、生活的每一个角落。

2. 人工智能产业现状

2015年起全球人工智能市场收入规模持续增长，2019年约为6560亿美元，同比增长26.5%，如图1.10所示。

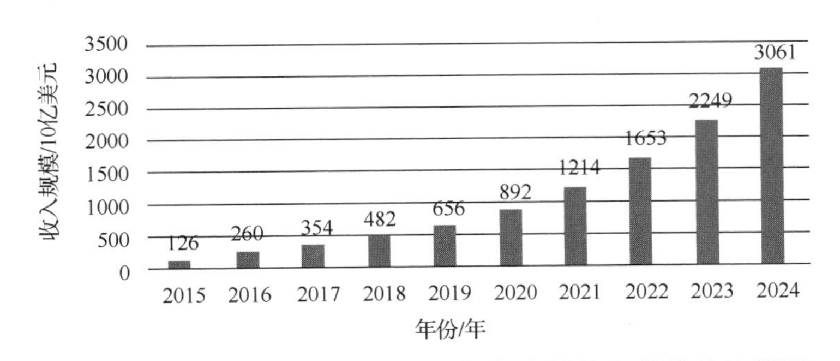

图1.10 2015—2024年全球人工智能市场收入规模统计预测

科技巨头是行业内最重要的力量，具备数据、技术、资本等优势，结合自主研发和兼并收购共同发力，将在人工智能领域进行全方位跨层次布局，引领行业发展。其中，具有综合数据优势的互联网企业如谷歌、百度等，全面布局人工智能行业。

基于场景的互联网企业如苹果、亚马逊、阿里、腾讯等，将人工智能与自身业务深度结合，不断提升产品功能和用户体验；传统科技巨头企业如IBM、微软等，面向企业级用户搭建智能平台系统。

但总体来看，美国人工智能企业占据市场较大份额，美国巨头呈现全产业布局的特征，而我国巨头主要集中在应用层，技术层近年来有所突破，如图1.11所示。

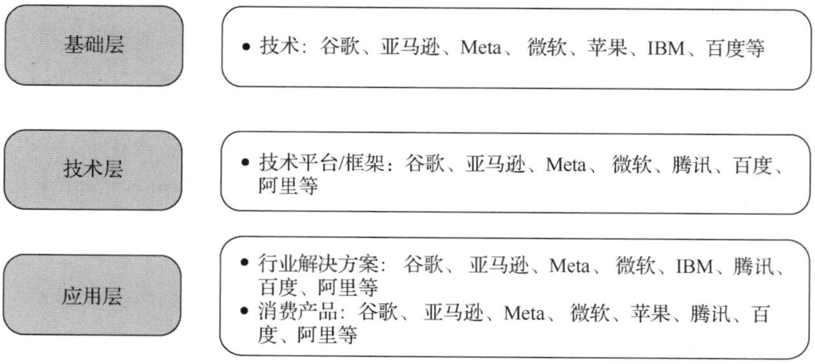

基础层

- 技术：谷歌、亚马逊、Meta、微软、苹果、IBM、百度等

技术层

- 技术平台/框架：谷歌、亚马逊、Meta、微软、腾讯、百度、阿里等

应用层

- 行业解决方案：谷歌、亚马逊、Meta、微软、IBM、腾讯、百度、阿里等
- 消费产品：谷歌、亚马逊、Meta、微软、苹果、腾讯、百度、阿里等

图 1.11　全球人工智能行业不同层次企业竞争格局分析

政府开始重视人工智能基础层创业公司的培养，资本方也更加关注人工智能芯片、机器学习算法、数据处理等产业链上游企业的发展，科技巨头企业更是提前进行了人工智能生态布局，建立了产业联盟。在各方的努力中，中国人工智能市场处于从局部向整体发展的上升期，行业前景良好。

自 2015 年开始，我国人工智能产业发展迅速，人工智能产业规模逐年上升，截至 2022 年我国人工智能市场规模已经达到 3705 亿元，如图 1.12 所示。

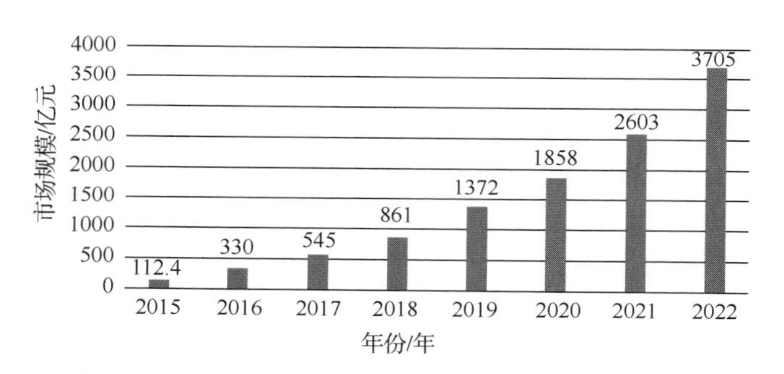

图 1.12　2015—2022 年我国人工智能市场规模

随着国家不断加大力度支持芯片研发，国内人工智能领域领先企业逐步开展了人工智能芯片技术研发，如商汤科技和旷视科技。近年来，我国人工智能芯片也取得了一定的进展，人工智能芯片市场规模持续扩大，如图 1.13 所示。

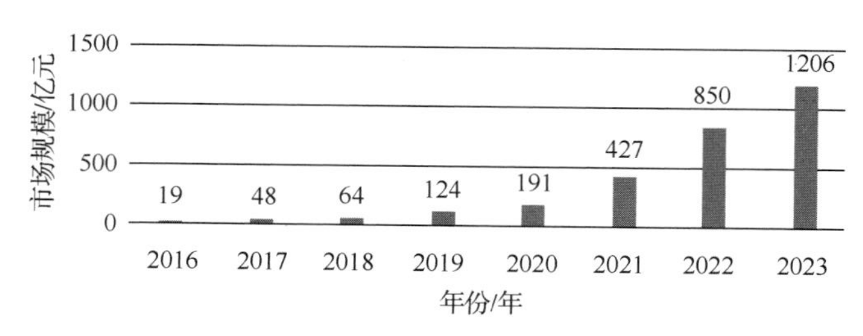

图 1.13　2016—2023 年我国人工智能芯片市场规模

人工智能技术在实体经济中寻找落地应用场景成为核心要义，人工智能技术与传统行业经营模式及业务流程产生实质性融合，智能经济时代的全新产业版图初步显现。

2020 年，2205 家人工智能企业广泛分布在 20 个应用领域。其中，企业技术集成与方案提供、智慧商业和零售两个应用领域的企业数占比最高，分别为17.20%和10.31%。智能机器人、智能硬件、科技金融、智慧医疗、智能制造领域企业数占比相对较高，分别为 8.39%、8.06%、7.39%、7.27%、6.26%。企业技术集成与方案提供应用领域占比最高，说明在全面融合发展阶段，突破应用领域的共性和关键技术是我国人工智能科技产业关注的焦点。

从 2205 家人工智能企业对三次产业的技术赋能看，第三产业排名第一，占比为78.05%；排名第二的是第二产业，占比为 21.45%；排名第三的是第一产业，占比仅为0.49%。到目前为止，人工智能和实体经济的融合发展主要发生在第三产业。随着包括 5G 在内的新一代信息技术的创新发展，人工智能和第二产业（尤其是制造业）的深度融合进程将加快。

在对第二产业的技术赋能关系中，排名第一的同样是制造业，占比为 87.24%；排名第二的是建筑业，占比为 5.91%；排名第三的是电力、热力、燃气及水生产和供应业，占比为 5.63%；排名第四的是采矿业，占比为 1.22%。在对制造业的技术赋能关系中，排名第一的是计算机、通信和其他电子设备制造业，占比为 31.35%；排名第二的是汽车制造业，占比为 21.68%；排名第三的是电气机械和器材制造业，占比 8.18%；排名第四和第五的分别是专用设备制造业和通用设备制造业，占比分别为 7.30%和 4.03%。

在对第三产业的技术赋能关系中，排名第一的是信息传输、软件和信息技术服务业，占比为 27.28%；排名第二的是科学研究和技术服务业，占比为 20.64%；排名第三的是金融业，占比为 11.63%；排名第四和第五的分别是租赁和商务服务业、批发和零售业，占比分别为 10.87%和 8.87%。

从产业链划分，我国人工智能产业分为底层基础层、中间技术层、上层应用层。其中，技术层是人工智能产业的核心，以模拟人的智能相关特征为出发点，构建技术路径，包括自然语言处理、计算机视觉与图像、模式识别技术等。图 1.14 展示了 2021 年我国人工智能技术层获投数量。

3. 人工智能人才培养现状

过去 10 年，全球人工智能发展迅速。中国、美国、英国、德国等国家纷纷从战略上布局人工智能，加强顶层设计和人才培养。全球人工智能领域学者数量约 155408 人，主要集中在北美洲、欧洲、东亚地区。

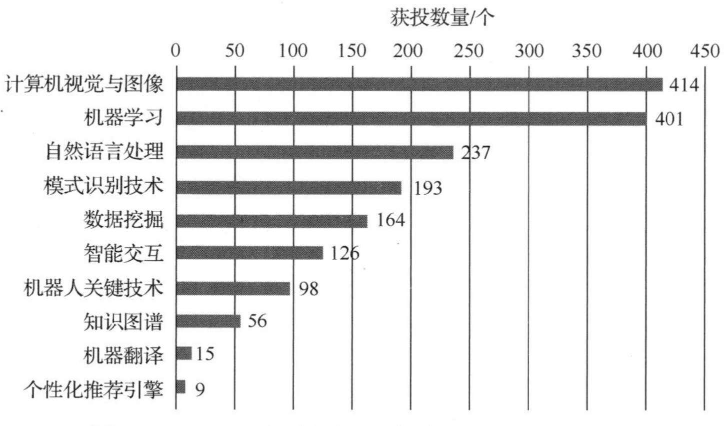

图 1.14　2021 年我国人工智能技术层获投数量

人工智能领域论文发表量反映了一个国家在该领域的科研实力。在人工智能领域论文发表量前十的国家中，美国、中国和德国的论文产出量位居前三名，其余国家（英国、加拿大、日本、法国、澳大利亚、韩国和新加坡）论文产出量均在 2 万篇以下。其中，美国在人工智能领域的论文发表数量和人才数量都位于全球第一，有近四成的全球人工智能领域论文产自美国，并且美国人工智能学者数量约占全球领域学者总量的 31.6%。我国在人工智能领域的论文发表数量（25418 篇）和人才数量（17368 位）仅低于美国。

从国家角度看人工智能高层次学者分布，美国人工智能高层次学者的数量最多，约有 1244 人，占比为 62.2%，超过总人数的一半。中国排在美国之后，位列第二，约有 196 人，占比为 9.8%。德国位列第三，是欧洲学者数量最多的国家；其余国家的学者数量均在 100 人以下。

如图 1.15 所示，全球人工智能领域高层次学者量领先机构中，位居首位的是美国的谷歌公司，约拥有 185 人，也是唯一一家高层次学者数过百的机构；从国家分布来看，清华大学是唯一入选的中国机构，其余均为美国机构，且美国机构高层次学者总体人数遥遥领先。

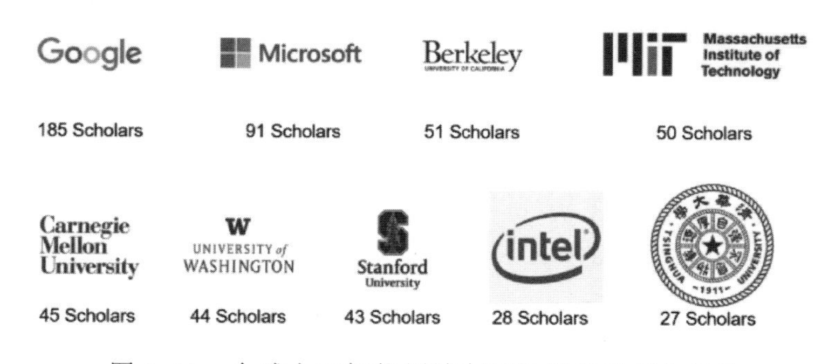

图 1.15　全球人工智能领域高层次学者量领先机构

相较于国外，我国高校人工智能培育起步较晚，我国人工智能在人才储备方面较弱。但近年来，我国人工智能学科和专业加快推进，多层次地促进了人工智能人才培养体系的建成。2018 年 4 月，教育部发布的《高等学校人工智能创新行动计划》提出，到 2020 年建立 50 家人工智能学院、研究院或交叉研究中心。

从人工智能高层次学者分布来看，北京是拥有人工智能高层次学者数量最多的国内城市，有 79 位，占比为 45.4%，接近于国内人工智能高层次学者的一半。北京作为政治中心、文化中心、国际交往中心、科技创新中心具有得天独厚的优势，拥有数量众多的人工智能企业和多所知名高校及研究机构，北京的高水平人工智能论文发表量和高层次学者量明显领先于其他国内城市。同时，从子领域发展来看，北京在人工智能各个子领域上的发展较为均衡，相关论文产出量均居于全国领先位置。

在国内机构中，北京的清华大学不仅人工智能领域学者数量最多，而且领域高层次学者数量也居于国内首位，领域高层次学者有 27 位。我国高层次人工智能学者基本都隶属于高校。香港中文大学、浙江大学和中国科学院在人工智能领域的高层次学者数量分别为 16 位、14 位和 11 位，其他机构所拥有的人工智能领域高层次学者数量均不足 10 位，如图 1.16 所示。

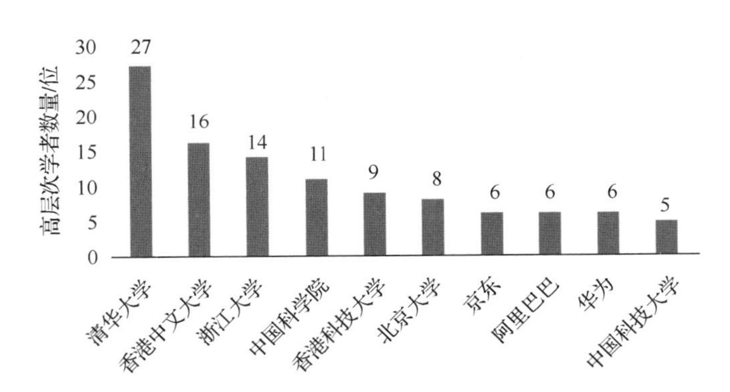

图 1.16　我国人工智能高层次学者数量前十的机构

2019 年，全国共有 35 所高校获得首批人工智能专业建设资格。2020 年 3 月，教育部再次审批通过 180 所高校开设人工智能专业，其中教育部直属高校有 15 所，此外山东、江苏、河南、安徽、湖南等人口教育大省的院校也新增人工智能专业，旨在加快培养地区人工智能人才，推进地方人工智能的发展。

除了教育部增设人工智能专业院校外，我国科技巨头和人工智能领先企业纷纷与国内顶尖高校加强合作，联合成立人工智能学院或重点实验室。其中，腾讯公司与深圳大学、辽宁工程技术大学等院校开展合作，科大讯飞公司与西南政法大学、重庆邮电大学、南宁学院等院校开展合作，如表 1.1 所示。

表 1.1　我国企业与高校合作或共建人工智能学院的情况

企业	合作或共建人工智能学院	企业	合作或共建人工智能学院
科大讯飞	西南政法大学人工智能学院&人工智能法律研究院	腾讯科技	深圳大学腾讯云人工智能学院
	重庆邮电大学&科大讯飞人工智能学院		辽宁工程技术大学腾讯云人工智能学院
	南宁学院科大讯飞人工智能学院		山东科技大学腾讯云人工智能学院
	安徽信息工程学院大数据与人工智能学院		聊城大学腾讯云人工智能学院
	江西应用科技学院人工智能学院	旷视科技	南京大学人工智能学院
	重庆科创职业技术学院人工智能学院		西安交通大学人工人智能学院
百度	吉林大学人工智能学院	深兰科技	中南大学-深兰科技人工智能学院
	湖南师范大学湘江人工智能学院		江苏理工学院深兰人工智能学院
	河南财经金融学院人工智能学院	—	—

1.2.3　人工智能的发展趋势

目前，最值得关注的人工智能五大发展趋势如下。

趋势一：打破传统，人工智能正在创造更多可能。

未来几十年，人工智能技术将大展拳脚，各领域都将引入人工智能技术进行结构化转型，在场景应用和岗位塑造上拥有无穷的想象力。更多行业开始引入人工智能技术，带来显著效益的同时也改造着各行各业，乃至创造“新行新业”，表现为更多场景应用和职业正在不断涌现，如无人机牧羊、人工智能养猪，再如人工智能训练师、无人机驾驶员等。在各种结合人工智能技术的现实场景中，人工智能潜力无限。

趋势二：人工智能发展强劲，数据成产业发展新引擎。

随着互联网、社交媒体、移动设备和传感器的大量普及，产生并待存储的数据量急剧增加，为通过深度学习的方法来训练人工智能算法提供了良好的“土壤”。海量数据将为人工智能算法模型提供源源不断的素材，人工智能从各行业、各领域的海量数据中积累经验、发现规律，使其深度学习成果得以持续提升。云测数据认为，人工智能在经历了算法研究、技术扩张和商业落地的发展后，对人工智能数据提出了更高要求。就现阶段而言，随着人工智能与传统行业的融合不断加深，人工智能数据的量级以及复杂程度也将大幅提升。更加精细化、场景化、专业化的数据采集标注才能满足日益增长的人工智能细分场景、专业垂直的赋能需求。

趋势三：人工智能由感知智能向认知智能加速迈进。

人工智能有 3 个阶段：运算智能、感知智能、认知智能。目前，人工智能在视觉、听觉、触觉等感知能力领域已经达到或超越了人类水准，但在需要外部知识、逻辑推理或者领域迁移的认知智能领域还处于初级阶段。认知智能的核心是机器如何表示、学习和推理知识。不同的研究流派，在实现认知智能的道路上各有优劣。达摩院认为，认知智能将从认知心理学、脑科学及人类社会历史中汲取灵感，并结合跨领域知识图谱、因果推理、持续学习等技术，建立稳定获取和表达知识的有效机制，让知识能够被机器理解和运用，实现从感知智能到认知智能的关键突破。

趋势四：人工智能计算中心成为智能化时代的关键基础设施。

近年来，人工智能对算力的需求迅猛增长，并成为重要的计算算力资源需求之一。人工智能计算是智能时代发展的核心动力，以人工智能算力为主的人工智能计算中心应运而生。智源研究院认为，人工智能计算中心基于新的人工智能理论，采用领先的人工智能计算架构，是融合公共算力服务、数据开放共享、智能生态建设、产业创新聚集的“四位一体”综合平台，可提供算力、数据和算法等人工智能全栈能力，是人工智能快速发展和应用所依托的新型算力基础设施。未来，随着智能化社会的不断发展，人工智能计算中心将成为关键的信息基础设施，推动数字经济与传统产业深度融合，加速产业转型升级，促进经济高质量发展。

趋势五：深度学习技术正由单模态向多模态智能学习发展。

人工智能在通向人的智能的道路上，多模态学习是一个绕不开的发展方向。像京东、淘宝等电商平台的“拍照购”“拍立淘”的搜索技术，也都是在计算机视觉技术下，进行图像、文本和高层语义属性等多模态的信息融合，才实现了高精度的“以图搜图”功能。百度提出的“多模态深度语义理解”，则让人工智能实现了从“看清听清”到“看懂听懂”的进化。腾讯研究院认为，深度学习技术正从语音、文字、视觉等单模态向多模态智能学习发展。未来甚至可以对嗅觉、味觉、心理学等难以量化的信号进行融合，实现多个模态的联合分析，推进深度学习从感知智能升级为认知智能，在更多场景、更多业务上辅助人类工作。

1.3 人工智能的主要特征

一个优秀的人工智能系统应该具有 3 个方面的特征：对外界环境的感知能力、知识运用的能力、从数据或经验中学习的能力。

1.3.1 环境感知能力

人工智能系统应能借助传感器等器件产生对外界环境（包括人类）进行感知的能力，可以像人一样通过听觉、视觉、嗅觉、触觉等接收来自环境的各种信息，对外界输入产生文字、语音、表情、动作（控制执行机构）等必要的反应，甚至影响环境或人类。借助按钮、键盘、鼠标、屏幕、手势、体态、表情、力反馈、虚拟现实/增强现实等方式，人与机器间可以产生交互，机器设备越来越“理解”人类，乃至与人类共同协作、优势互补，从而人工智能系统能够帮助人类做人类不擅长、不喜欢但机器能够完成的工作，而人类则可以做更需要创造性、洞察力、想象力、灵活性、多变性，乃至用心领悟或需要感性的一些工作。

同时，在现实生活的外界环境中，确定性是相对的，不确定性是绝对的。因此，一个优秀的人工智能系统还应该具有对不断变化的外界环境的处理能力，应该能够很好地处理外界环境中的不确定性因素（如噪声、数据属性缺失等），如自动驾驶系统就需要处理各种各样的不确定性（如环境的不确定性、决策的不确定性等）。

1.3.2 知识运用能力

知识是智能的一个重要维度。听、说、看的能力如果不考虑内容的深度，则仅仅停留在感知智能的层面，只能与环境交互和获取环境的信息，其智能表现的空间非常有限。只有基于知识的智能系统才能够从根本上趋近人类的逻辑推理等深层次的智慧表现。知识可以归纳为关于客观事物的规律、经验、规则或者各种常识的描述。人工智能系统应该能够很好地存储、表示与运用知识，并基于知识进行归纳、推理。只有将知识与数据融合、将逻辑与统计结合，才能够催生真正拥有认知智能的人工智能系统。

从根本上说，人工智能系统必须以人为本，这些系统是人类设计出来的，按照人类设定的程序逻辑或软件算法通过人类发明的芯片等硬件载体来运行或工作，其本质体现为计算，通过对数据的采集、加工、处理、分析和挖掘，形成有价值的信息流和知识模型，为人类提供延伸人类能力的服务，实现对人类期望的一些“智能行为”的模拟，在理想情况下必须体现服务人类的特点，而不应该伤害人类，特别是不应该有目的性地做出伤害人类的行为。

1.3.3 学习能力

人工智能系统需要具备从数据中或过去的经验中学习的能力，这一点通常需要运用机器学习算法。更进一步，如果系统具备从环境交互中学习、在与用户交互过程中动态学习的不断进化和进步的学习能力，就可能具备更高的智能水平。同时，学习过程应该能够融入尽可能多的知识信息，方能够达到支持人工智能系统的要求。

人工智能系统在理想情况下应具有一定的自适应特性和学习能力，即具有一定的随环境、数据或任务变化而自适应调节参数或更新优化模型的能力；并且，能够在此基础上通过与云、端、人、物越来越广泛、深入的数字化连接、扩展，实现机器客体乃至人类主体的演化、迭代，以使系统具有适应性、灵活性、扩展性来应对不断变化的现实环境，从而使人工智能系统在各行各业产生丰富的应用。

1.4 人工智能的重要意义

人工智能经过 60 多年的发展，理论、技术和应用都取得了重要突破，已成为推动新一轮科技和产业革命的驱动力，深刻影响世界经济、政治、军事和社会发展，日益得到各国政府、产业界和学术界的高度关注。从技术维度来看，人工智能技术突破集中在专用智能，但是通用智能发展水平仍处于起步阶段；从产业维度来看，人工智能创新创业如火如荼，技术和商业生态已见雏形；从社会维度来看，世界主要国家纷纷将人工智能上升为国家战略，人工智能对社会的影响日益凸显。

（1）专用人工智能取得重要突破。从可应用性看，人工智能大体可分为专用人工智能和通用人工智能。面向特定领域的人工智能技术（专用人工智能）由于任务单一、需求明确、应用边界清晰、领域知识丰富、建模相对简单，因此形成了人工智能领域的单点突破，在局部智能水平的单项测试中可以超越人类智能。人工智能的近期进展主要集中在专用智能领域，统计学习是专用人工智能走向实用的理论基础。深度学习、强化学习、对抗学习等统计机器学习理论在计算机视觉、语音识别、自然语言理解、人机对弈等方面取得应用成效。例如，AlphaGo 在围棋比赛中战胜人类冠军，人工智能程序在大规模图像识别和人脸识别中达到了超越人类的水平，语音识别系统 5.1%的错误率比肩专业速记员，人工智能系统诊断皮肤癌达到专业医生水平等。

（2）通用人工智能尚处于起步阶段。人的大脑是一个通用的智能系统，能举一反三、融会贯通，可处理视觉、听觉、判断、推理、学习、思考、规划、设计等各类问题，可谓“一脑万用”。真正意义上完备的人工智能系统应该是一个通用的智能系统。虽然包括图像识别、语音识别、自动驾驶等在内的专用人工智能领域已取得突破性进展，但是通用智能系统的研究与应用仍然任重道远，人工智能总体发展水平仍处于起步阶段。美国国防高级研究计划局把人工智能发展分为 3 个阶段：规则智能、统计智能和自主智能，认为当前国际主流人工智能水平仍然处于第二阶段，核心技术依赖于深度学习、强化学习、对抗学习等统计机器学习，人工智能系统在信息感知、机器学习等智能水平维度进步显著，但是在概念抽象和推理决策等方面能力还很薄弱。总体上看，目前的人工智能系统可谓有智能没智慧、有智商没情商、会计算不会“算计”、有专才无通才。因此，人工智能依旧存在明显的局限性，依然还有很多“不能”，与人类智慧还相差甚远。

（3）人工智能创新创业如火如荼。全球产业界充分认识到人工智能技术引领新一轮产业变革的重大意义，纷纷调整发展战略。例如，在 2017 年的年度开发者大会上，谷歌公司明确提出发展战略从“Mobile First”（移动优先）转向“AI First”（人工智能优先）；微软 2017 财年年报首次将人工智能作为公司发展愿景。人工智能领域处于创新创业的前沿，麦肯锡发布的报告显示，2016 年全球人工智能研发投入超 300 亿美元；全球知名风投调研机构 CB Insights 发布的报告显示，2017 年全球新成立的人工智能创业公司达 1100 家，人工智能领域共获得投资 152 亿美元，同比增长 141%。

（4）创新生态布局成为人工智能产业发展的战略高地。信息技术（information technology，IT）和产业的发展史就是新老 IT 巨头抢滩布局 IT 创新生态的更替史。例如，传统信息产业 IT 代表企业有微软、英特尔、IBM、甲骨文等，互联网和移动互联网 IT 代表企业有谷歌、苹果、元宇宙、亚马逊、阿里巴巴、腾讯、百度等，目前智能科技 IT 的产业格局还没有形成垄断，因此全球科技产业巨头都在积极推动人工智能技术生态的研发布局，全力抢占人工智能相关产业的制高点。人工智能创新生态包括纵向的数据平台、开源算法、计算芯片、基础软件、图形处理服务器等技术生态系统与横向的智能制造、智能医疗、智能安防、智能零售、智能家居等商业和应用生态系统。在技术生态方面，人工智能算法、数据、图形处理器（graphics processing unit，GPU）/张量处理器（tensor processing unit，TPU）/神经网络处理器（neural network processing unit，NPU）计算、运行/编译/管理等基础软件已有大量开源资源，如谷歌公司的 TensorFlow 第二代人工智能学习系统、元宇宙公司的 PyTorch 深度学习框架、微软公司的 DMTK 分布式学习工具包、IBM 公司的 SystemML 开源机器学习系统等；此外谷歌、IBM、英伟达、英特尔、苹果、华为、中国科学院等积极布局人工智能领域的计算芯片。在人工智能商业和应用生态布局方面，“智能+X”成为创新范式，如“智能+制造”“智能+医疗”“智能+安防”等，人工智能技术向创新性的消费场景和不同行业快速渗透、融合并重塑整个社会，这是人工智能作为第四次技术革命关键驱动力的最主要表现方式。人工智能商业生态竞争进入白热化，如智能驾驶汽车领域的参与者既有通用、福特、奔驰、丰田等传统车企龙头，又有谷歌、特斯拉、优步、苹果、百度等"新贵"。

（5）人工智能上升为世界主要国家的重大发展战略。人工智能正在成为新一轮产业变革的引擎，必将深刻影响国际产业竞争格局和一个国家的国际竞争力。世界主要发达国家纷纷把发展人工智能作为提升国际竞争力、维护国家安全的重大战略，加紧积极谋划政策，围绕核心技术、顶尖人才、标准规范等强化部署，力图在新一轮国际科技竞争中掌握主导权。近年来，各国政府及相关组织纷纷出台战略或政策，积极推动人工智能发展及应用，人工智能产业持续火热，应用场景也不断拓展。无论是德国的"工业 4.0"、美国的"工业互联网"、日本的"超智能社会"，还是我国的"中国制造 2025"等重大国家战略，人工智能都是其中的关键核心技术。我国也认识到发展人工智能行业对国家战略布局的重要意义，因此，人工智能连续 3 年被写入政府工作报告。2017 年 7 月，国务院发布了《新一代人工智能发展规划》，开启了我国人工智能快速创新发展的新征程。一夜之间，国内以 BAT（百度、阿里、腾讯）等为代表的互联网巨头公司都将目光转向了人工智能。2017 年 7 月，百度推出 DuerOS 和 Apollo 两个开放平台，向外界宣布"all in AI"的决心，称百度是一家"人工智能公司"；同年 10 月，阿里宣布成立达摩院，3 年内将投资 1000 亿元，研究领域涉及量子计算和机器学习等。

（6）人工智能的社会影响日益凸显。人工智能的社会影响是多元的，既有拉动经济、服务民生、造福社会的正面效应，又可能出现安全失控、法律失准、道德失范、伦理失常、隐私失密等社会问题，以及利用人工智能热点进行投机炒作，存在泡沫风险。首先，人工智能作为新一轮科技革命和产业变革的核心力量，促进社会生产力的整体跃升，推动传统产业升级换代，驱动"无人经济"快速发展，在智能交通、智能家居、智能医疗等民生领域发挥积极的正面影响。与此同时，我们也要看到人工智能引发的法律、伦理等问题日益凸显，给当下的社会秩序及公共管理体制带来了前所未有的新挑战。例如，2016 年欧盟委员会法律事务委员会提交一项将最先进的自动化机器人身份定位为"电子人"的动议，2017 年沙特阿拉伯授予机器人"索菲亚"公民身份，这些显然冲击了传统的民事主体制度。那么，是否应该赋予人工智能系统法律主体资格？另外，在人工智能新时代，个人信息和隐私保护、人工智能创作内容的知识产权、人工智能歧视和偏见、无人驾驶系统的交通法规、脑机接口和人机共生的科技伦理等问题都需要我们从法律法规、道德伦理、社会管理等多个角度提供解决方案。

由于人工智能与人类智能密切关联且应用前景广阔、专业性很强，容易造成人们的误解，也带来了不少炒作。例如，有些人错误地认为人工智能就是机器学习（或深

度学习)，人工智能与人类智能是零和对弈，人工智能已经达到 5 岁小孩的水平，人工智能系统的智能水平即将全面超越人类水平，30 年内机器人将统治世界，人类将成为人工智能的奴隶等。这些错误认识会给人工智能的发展带来不利影响。还有不少人对人工智能预期过高，以为通用人工智能很快就能实现，只要给机器人发指令就可以让它干任何事。另外，有意炒作并通过包装人工智能概念来谋取不当利益的现象时有发生。因此，我们有义务向社会大众普及人工智能知识，引导政府、企业和广大民众科学、客观地认识和了解人工智能。

科学技术作为人类的一项社会活动必然会影响其他社会活动，每一次科学技术的进步都表现为推动经济发展方式的转变、改变社会管理方式、提高人类的认知能力和水平、改进文化传播和教育方式。正如恩格斯在马克思墓前的讲话："在马克思看来，科学技术是一种在历史上起推动作用的、革命的力量。"当前爆发的第四次科技革命是以人工智能技术为核心的，而且人工智能技术在人类社会中已经得到相当大的应用。它的应用也必然对人类生产和生活产生深刻的影响，促使人类社会的面貌发生巨大变化。

人工智能被视为引领第四次工业革命的核心技术，人工智能也正在推动着人类历史上新一次工业革命的进程。智能化、互联网技术和大数据在工业 4.0 中承担核心技术支持，越来越多的机器人会代替人工，甚至是完全替代，实现"无人工厂"。工业 4.0 旨在将一切的人、事、物都连接起来，形成"万物互联"，改变人类的生产方式、就业方式和生活方式。

从生产方式上看，实现智能生产和智能制造，固定的"生产线"概念将从工业 4.0 时代消失，取而代之的是一种能分能合的、动态的、高度智能的模块化生产方式的个性化定制。

从就业方式上看，在工业 4.0 时代的智能工厂中，智能机器可以完成几乎所有的工作。人成了机器的"协调者"，不再被动地组装流水线上传来的零部件，而是借助智能设备来掌控生产全局，指挥与协调各种智能机器人的生产任务。工作方式的改变，可能会催生更加灵活的工作制度。

从生活方式上看，在工业 4.0 的影响下，人类的娱乐与交往也在向智能化转变，如体感式游戏机的娱乐功能、智能手机的社交功能，都是工业 4.0 带来的人工智能社会的产物。智能手机使人与人之间的沟通更加便利，社交活动的开展更加容易，甚至促成了陌生人之间的交往和联系。

工业 4.0 对生活影响最大的不是城市基础设施的智能化，而是"随心所欲"的个性化消费方式从幻想变为现实。人类不喜欢的工作可以由具有学习能力的机器人和人工智能自动完成，无须人类指导。随着科学技术迅速发展，人类也在追求智能化世界，世界智能化的趋势是势不可挡的。我们应顺应潮流，根据发展方向做出自己的正确判断。未来可期，也许再过几十年，我们将生活在一个完全智能的社会。

人工智能是社会发展和技术创新的产物，是促进人类进步的重要技术形态。人工智能发展至今，已经成为新一轮科技革命和产业变革的核心驱动力，正在对世界经济、社会进步和人民生活产生极其深刻的影响。对世界经济而言，人工智能是引领未来的战略性技术，全球主要国家及地区都把发展人工智能作为提升国家竞争力、推动国家经济增长的重大战略；对社会进步而言，人工智能技术为社会治理提供了全新的技术和思路，将人工智能运用于社会治理中，是降低治理成本、提升治理效率、减少治理干扰最直接且最有效的方式；对日常生活而言，深度学习、图像识别、语音识别等人工智能技术已经广泛应用于智能终端、智能家居、移动支付等领域，未来人工智能技术还将在教育、医疗、出行等与人民生活息息相关的领域里发挥更为显著的作用，为普通民众提供覆盖更广、体验感更优、便利性更佳的生活服务。

1.5 人工智能学习建议

1.5.1 行业人才需求

人工智能领域的最新进展对科技发展有巨大的促进作用，同时也可能会冲击现有的劳动力市场。大部分自动化作业都会替代人工，这就意味着需要人工的地方将变得更少。在 21 世纪结束前，人类的职业中有 70%很可能会被智能设备取代；即使是高薪白领职业也可能被智能设备取代，如财务经理、医生、律师、建筑师、记者、高管甚至教师、程序员等。人工智能会使许多人失业吗？其实，人工智能和人类历史上许多重大创新技术一样，对社会原有生产力确实会造成重大影响，但在旧的产业被取代的同时，又会随着新技术的出现产生许多新兴产业。现在，全球进入人工智能时代，催生了大量产业和岗位。例如，各大公司重金招聘精通调参的深度学习工程师，大量软件工程师转型为人工智能工程师。因此，未来被淘汰的不是职位和人，而是技能。

调查表明，未来的工作方式将发生改变。由于人工智能的兴起，已经有不少新的就业机会、职业岗位被创造出来。在这些与人工智能相关的岗位中，最常见的是人工智能软件工程师。同时，其他技术水平较低，与人工智能关系不是那么直接的岗位也在不断涌现。例如，bot（机器人）撰稿人，他们专门撰写用于 bot 和其他会

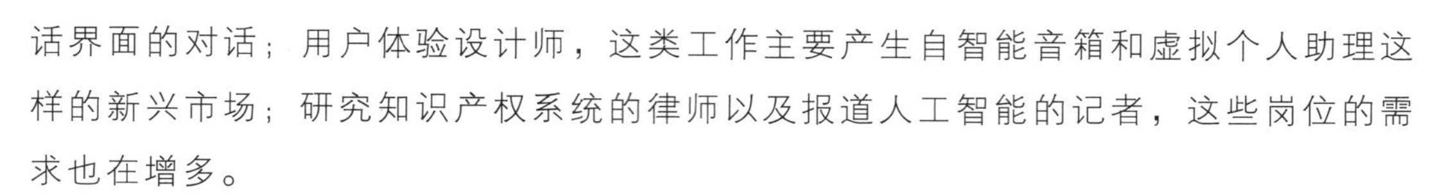

话界面的对话；用户体验设计师，这类工作主要产生自智能音箱和虚拟个人助理这样的新兴市场；研究知识产权系统的律师以及报道人工智能的记者，这些岗位的需求也在增多。

有研究报告指出，尽管人工智能技术将取代人类部分现有的工作岗位，但同时也将创造出新的就业岗位。预测表明，与过去所有的其他颠覆性技术一样，人工智能将为人们带来许多新的就业机会。得益于人工智能技术的兴起，以下 5 种岗位的人才需求量呈现显著增长的趋势。

（1）数据科学家。其属于分析型数据专家中的一个新类别。数据科学家对数据进行分析来了解复杂的行为、趋势和推论，发掘隐藏的一些见解，帮助企业做出更明智的业务决策。数据科学家是“部分数学家、部分计算机科学家和部分趋势科学家的集合体”。

（2）机器学习工程师。大多数情况下，机器学习工程师都是与数据科学家合作来共同开展他们的工作。因此，市场对机器学习工程师的人才需求可能也会出现类似于对数据科学家人才需求的增长趋势。数据科学家在统计和分析方面具有更强的技能，而机器学习工程师则应该具备计算机科学方面的专业知识，他们通常需要更强大的编程能力。

（3）数据标签专业人员。随着数据收集几乎在每个领域实现普及，数据标签专业人员的需求在未来也将呈现激增之势。事实上，在人工智能时代，数据标签可能会成为蓝领工作。IBM 沃森团队负责人古鲁·巴纳瓦尔（Guru Banavar）表示“数据标签将变成对数据进行管理的工作，你需要获取原始数据、对数据进行清理，并使用机器进行收集。”标签可用于人工智能科学家训练机器，以使机器能够完成新的任务。

（4）人工智能硬件专家。人工智能领域另外一种日益增长的蓝领工作是负责创建人工智能硬件（如 GPU 芯片）的工业操作工作。例如，英特尔为机器学习专门打造芯片，IBM 和高通正在创建可以像神经网络一样运行的硬件架构。随着人工智能芯片和硬件需求的不断增长，致力于生产这些专业产品的工业制造业工作岗位的人才需求将有所增长。

（5）数据保护专家。由于有价值的数据、机器学习模型和代码不断增加，未来会出现对于数据保护的需求，因此也会产生对数据保护专家的需求。

信息安全控制的许多层面和类型都适用于数据库，包括访问控制、审计、认证、加密、整合控制、备份、应用安全等。数据库在很大程度上是通过网络安全措施（如防火墙和基于网络的入侵检测系统）来抵御黑客攻击的。保护数据库系统及其中的程序、功能和数据，这一工作将变得越来越重要。

为了使人工智能成为差异化竞争的“利器”，各个企业还有很多问题急需解决。其中之一就是人工智能人才问题。而在企业中，人工智能人才不足的情况尤为严重。经过媒体的相关报道，人们开始认识到企业在人工智能开发方面存在大量人才缺口问题，但是对于“充分理解人工智能的特性并从事解决方案开发”的人才紧缺问题，仍未得到有效解决。

企业推动人工智能应用需要以下两类人才。

第一类人才是了解各种人工智能技术特性并能将它们应用于商业的人才。在欧美，商业头脑敏锐的数据科学家是最重要的人才，他们凭借对人工智能新技术的了解发挥重要作用。在这些国家，许多公司不仅拥有人工智能技术，而且拥有 IT 人才，这些 IT 人才利用人工智能和 IoT（internet of things，物联网）等先进技术推动公司的数字化转型。

在公司内部培养出能够理解公司面临的挑战并能够创建适当解决方案的人员是必要的，但这需要时间。还有一个次优选项，那就是调查海外的人工智能商业案例，选用能够适应本公司环境的人才。

第二类人才是人工智能开发人才。其中，公司特别需要的是能够随时查看最新论文，并将前沿技术先于其他公司应用于产品和服务的工程师。现在，与人工智能相关的技术每天都以大量论文的形式公开，谷歌等公司的前沿研究成果也很容易获取。不过，理解最新论文所需的数学知识也在不断升级，未来的人工智能人才需要更多的数学素养。人工智能等尖端技术的使用将在很大程度上决定企业的未来。因此，人工智能人才问题将成为企业面临的重要挑战之一。企业必须从引进和培养两个方面来增强人工智能人才储备。

人工智能技术能够让人们的生活变得更轻松，将人类工作者从琐碎的工作任务中解放出来。而当前人工智能技术的传播速度和普及趋势在创造更多就业机会的同时，也意味着人们面临全新的挑战，需要培训工作人员适应这些全新的职位。

1.5.2 知识、能力与素养目标

人工智能自 1956 年诞生以来，一直处于发展之中，虽经多次起伏但其发展历程没有中断，且发展出多个方向的分支。经过 60 多年的技术积累和更迭，人工智能已形成庞大的知识体系。人工智能并非一门单一的学科，而是一门复杂的、具有综合性与学科交叉性的学科，如图 1.17 所示。从人工智能的理论方向来看，它包含计算机、认知哲学、心理学、对弈论、数学、神经网络等学科；而从人工智能的应用方向来看，它又包含图形学、信号学、语言学、自动化等学科。此外，人工智能可与多学科融合，

从而衍生出如人工智能+生物、人工智能+农业等新学科，该部分知识主要是分析其他学科在理论层面与人工智能的对接、思考人工智能在其余学科中的应用。

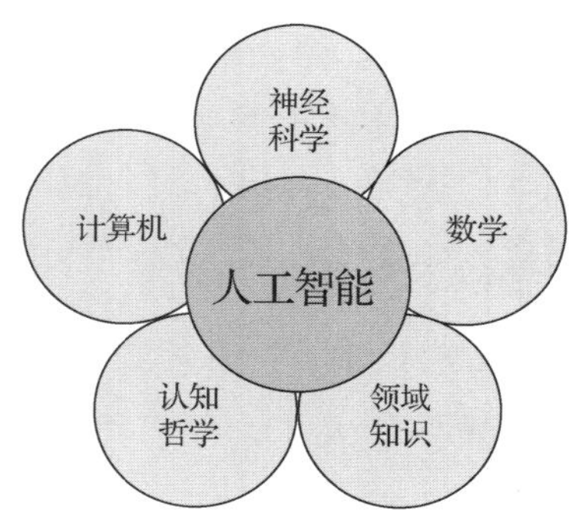

图 1.17　人工智能交叉学科

人工智能由于其学科先进性、应用广泛性的特点而受到社会广泛重视，世界各国竞相采取产业政策支持和促进人工智能发展。近年来，我国一直致力于发展人工智能产业，制定人工智能人才培养战略。作为一名人工智能相关的研究者或从业者，应具备以下能力与素养。

（1）工程知识：掌握扎实的数学、物理等自然科学的基础知识，并能够利用其对相关领域工程问题进行表述；能够运用恰当的数学、物理模型对人工智能算法与软硬件设计进行建模与求解，保证模型的准确性，满足工程计算的实际要求。

（2）问题分析：能够应用数学、自然科学、人工智能科学的基本原理来识别、表达，并通过文献研究分析人工智能应用领域复杂工程问题，以获得有效结论。

（3）设计解决方案：具备按需求运用专业基础理论知识和技术方法进行智能系统的设计与开发的能力，以及人工智能系统评估、运行与维护能力，并能够在上述环节中体现创新意识，综合考虑社会、健康、安全、法律、文化以及环境等制约因素。

（4）研究：能够基于科学原理并采用科学方法对人工智能核心基础问题和复杂工程问题进行研究，包括设计实验、分析比较实验结果，并通过信息综合得到合理、有效的结论。

（5）现代工具使用：能够在解决人工智能领域复杂工程问题的过程中，根据具体需要，合理利用已有的资源和技术，选择与使用恰当的技术方法和工程工具，辅助复杂人工智能工程问题的预测与模拟、分析建模以及解决方案的设计。尤其是需要掌握基本的计算机操作和应用，至少掌握一种软件开发语言（如 Python、C++语言等），并能够运用集成开发环境进行复杂程序设计。

（6）沟通：具有良好的口头表达能力，能够清晰、有条理地表达自己的观点，掌握基本的报告、设计文稿的撰写技能；掌握至少一门外语，具备一定的国际视野；能够就复杂工程问题，综合运用口头、书面、报告、图表等多种形式与国内外业界同行及社会公众进行有效沟通和交流。

（7）团队合作：人工智能研究和项目通常需要多人协作完成，研究者和从业者应当能够在多学科背景的团队中承担个体、团队成员或负责人的角色，能够听取其他团队成员的意见和建议，充分发挥团队协作的优势。

1.5.3 知识体系

如前文所述，人工智能领域涉及学科知识多，对初学者来说，若没有系统的知识体系与有效的学习方法，则很容易陷入信息茧房，并且由于所学知识无法建立有效连接，会随着时间推移逐渐遗忘。图 1.18 所示为人工智能的知识体系。

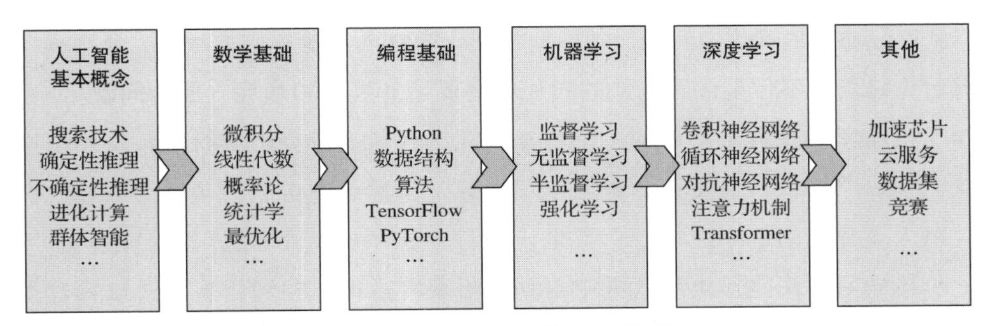

图 1.18 人工智能的知识体系

（1）初学者需要了解人工智能的发展历史，理解其基本概念，类似于导论学习。例如，大部分“人工智能导论”课程与图 1.18 所列出的搜索技术、确定性推理与不确定性推理、进化计算、群体智能等，主要用于了解人工智能的原理与不同的研究方向。初学者对人工智能有初步认识后，还需要熟悉人工智能的应用场景、人工智能的项目流程等，以帮助自身更加全面、深刻地了解人工智能技术的应用实践，为未来的学习和工作打好基础。

（2）数学作为算法的基石，对于人工智能的学习必不可少。其主要包括微积分、线性代数、概率论与统计学知识，以及最优化理论和数学分析，还包括信息论、博弈论等知识。其中线性代数是工程数学优化问题的基础。概率的形式表征（条件概率、贝叶斯法则、可能性、独立性等）和从中衍生出的技术（贝叶斯网、马尔可夫决策过程、隐马尔可夫模型等）是机器学习算法的核心，这些理论可以用来处理现实世界中存在的不确定性问题。与这个领域密切相关的还有统计学，这个学科提供了很多种衡量指标（均值、中间值、方差等）、分布（均匀分布、正态分布、二项式分布、泊松分布等）和分析方法（方差分析、假设实验等），这些理论对于模型的建立和验证非常必要。

（3）人工智能是需要程序来驱动的，编程基础必不可缺。编程语言有 C++、Python 等，其中 Python 开发于 20 世纪 90 年代初，其因具备可扩展性、适应性和易于学习等特性而成为增长最快的编程语言。在众多编程语言中，Python 已经成为 AI 时代的主流语言。Python 有数百个库，其中的 Scikit-learn 库可以实现人工智能的多种算法，而 NumPy、SciPy、Pandas 等库也在人工智能编程中经常使用。程序=算法+数据结构，如果说编程语言是实现工具，那么算法与数据结构就是优化程序的“灵魂”。如何针对具体问题对象选择合适的逻辑结构和存储结构，并基于算法分析理论、算法性能评价标准以及基本的算法设计方法进行有效的数据存储和处理也是整个学习体系中的重点。而要想学习人工智能项目中如何建立模型，Python 则提供了很多便于开发的人工智能框架，当前最热门的框架有 TensorFlow 和 PyTorch 等。此外，普通编程主要是纵向的逻辑层面编程，侧重于功能的实现。而人工智能编程不仅有纵向的逻辑层面编程，还有横向的矩阵并行运算编程；不但要注重功能的实现，还要注意效率和功耗方面的问题。

（4）机器学习是人工智能的一个分支。人工智能的研究历史有一条从以“推理”为重点，到以“知识”为重点，再到以“学习”为重点的自然、清晰的脉络。机器学习是实现人工智能的一个途径，主要是设计和分析一些让计算机可以自动“学习”的算法。机器学习算法是一类从数据中自动分析获得规律，并利用规律对未知数据进行预测的算法。因为机器学习算法中涉及大量的统计学理论，所以它也被称为统计学习理论。机器学习的主要类型包括监督学习、无监督学习、半监督学习与强化学习。监督学习主要包括分类和回归，常用的监督学习算法有线性回归、逻辑回归、朴素贝叶斯、决策树、支持向量机等；无监督学习则用于探索数据中的结构，包含聚类与降维，经典的无监督学习算法有 K-means 聚类、主成分分析（principal component analysis，PCA）、t-分布式随机近邻嵌入（t-distributed stochastic neighbor embedding，t-SNE）；半监督学习则使用一组数量较小的有标记的样本数据来满足某些操作的要求，如自我训练；强化学习则是开发一种自我维持的系统，该系统在连续地尝试和失败序列中，基于标记数据的组合和与传入数据的交互来改进自身。

（5）深度学习是机器学习的分支，是一种以人工神经网络为架构，对数据进行表征学习的算法。深度学习的基础知识包括神经网络的原理、前向传播和反向传播算法、激活函数、损失函数、优化器等，开发人员掌握这些基础知识才能更好地理解深度学习的应用。经典的深度学习模型能够帮助开发人员进一步了解模型结构和建模方法，从而进行探索和改进，如卷积神经网络中的 AlexNet、GoogLeNet、ResNet，循环神经网络中的 RNN、LSTM、GRU，生成对抗网络中的 CGAN、WGAN，以及深度学习研究中的注意力机制与 Transformer。深度学习在计算机视觉、自然语言处理、语音识别等领域有广泛的应用，因此，开发人员还需要通过实际项目的实践来探索深度学习的应用。

除此之外，对于人工智能的学习，还需要了解加速芯片与云服务。人工智能实验和项目的进行与成功离不开软硬件的支持，人工智能芯片作为人工智能技术发展的“引擎”，是专门用于处理人工智能应用中的大量计算任务的模块。从广义上说，擅长执行人工智能算法的芯片就可以称为人工智能芯片，主要包括 GPU、FPGA 和 ASIC 3 种。云计算服务也可以看作人工智能的基础，为人工智能提供算力和数据支撑。在云计算的推动下，人工智能技术更容易与行业场景相结合，如当前基于计算机视觉和自然语言处理的智能云服务，已经开始逐渐在多个行业领域落地应用。对技术研发人员来说，借助于云计算所提供的各种基础服务，会在很大程度上降低人工智能技术的研发和场景应用难度。

1.5.4 学习指导

作为计算机科学与技术的一个重要研究和应用分支，人工智能的发展几起几落，终于迎来了高速发展、硕果累累的时期。毫无疑问，人工智能与计算机、因特网、物联网、云计算、大数据一样，是每个高校学生，甚至社会所有人必须关注、学习和重视的知识。

人工智能是研究、开发用于模拟、延伸和扩展人的智能的理论、方法、技术及应用系统的一门技术科学。它试图了解人类智能的实质，并生产出新的能以人类智能相似的方式做出反应的智能机器，该领域的研究包括专家系统、机器人、图像识别与处理、自然语言处理等。可以想象，未来人工智能带来的科技产品，将会是人类智慧的“容器”。人工智能不是人的智能，但能像人那样思考，甚至可能超过人的智能。

人工智能是一门极富挑战性的科学，包含十分广泛的知识内容，如大数据思维、搜索算法、知识表示、专家系统、机器学习、深度学习、机器人技术、智能图像处理、自然语言处理和自动规划等方面。若要学习人工智能，可按照以下 4 个部分的顺序来入门。

第一部分，人工智能背景，包含人工智能基本概念、人工智能发展史、人工智能+领域应用等。

第二部分，基础知识，包括大数据思维、搜索算法、知识表示等。

第三部分，基于知识的系统，包括专家系统、机器学习、深度学习等。

第四部分，高级专题，包括机器人技术、智能图像处理、自然语言处理、自动规划等。

在选择书籍的时候，可以选择一些安排了导读案例的书籍，这样可以以深入浅出的方式，引发学习兴趣；在学习时要仔细阅读较为基础的一些概念和知识，这样有助于掌握人工智能的基本原理及相关应用知识；也应该适当地看一些浅显易懂的案例，注重培养扎实的基本理论知识，重视培养学习方法；在学习中要思维与实践并进，可以做一些低认知负荷的自我评测题目，让自己在自我成就中构建人工智能的基本知识框架。

第 2 章 人工智能核心技术及研究热点

科技是第一生产力，创新是第一动力。实现高质量发展，就需要向科技创新要答案。人工智能技术作为核心科技，其发展和创新性有力地推动着科技创新。人工智能作为一门涵盖多个细分领域的交叉学科，涉及许多核心技术和应用。随着人工智能技术的迅猛发展，它已经成为促进社会经济发展的重要驱动力。而人工智能技术的核心技术和研究方向也越来越多，人工智能拓展了计算机技术的应用范围，并且在人们的生活中扮演越来越重要的角色。其中机器学习、深度学习、自然语言处理、计算机视觉、知识图谱等应用领域备受关注。那么，人工智能技术包含哪些子领域呢？哪些技术在人工智能技术中起着举足轻重的作用呢？人工智能研究的热点问题又有哪些呢？本章将会从这几个问题入手，深入探究人工智能核心技术及研究热点的前沿进展。

2.1 人工智能各子领域中的技术

随着智能家电、可穿戴设备、智能机器人等产物的出现和普及，人工智能技术已经进入人们生活的各个领域，引发越来越多的关注。人工智能技术作为计算机科学的一个分支，它企图了解智能的实质，并生产出一种新的能以人类智能相似的方式做出反应的智能机器，该领域的研究包括机器学习、自然语言处理、知识工程、信息检索与推荐、计算机视觉、语音识别、机器人、数据挖掘、人机交互、可视化以及其他人工智能外延技术。人工智能作为新一轮科技革命和产业变革的重要驱动力量，正在深刻改变世界。

2.1.1 机器学习

机器学习是利用计算机模拟人的学习能力，从样本数据中学习得到知识和经验，然后用于实际的推断和决策。机器学习涉及多学科交叉，涵盖概率论知识、统计学知识、近似理论知识和复杂算法知识，使用计算机作为工具并致力于真实、实时地模拟和实现人类学习方式，以获取新的知识或技能，并将现有内容进行知识结构划分来有效提高学习效率。机器学习推动人工智能快速发展，是第三次人工智能发展浪潮的重要推动因素。

1. 机器学习概念

机器学习是现阶段解决很多人工智能问题的主流方法，是现代人工智能的本质，目前正处于高速发展进程中。它从概念诞生到技术的普遍应用，经历了漫长的过程。机器学习领域诞生了众多的经典理论，如概率近似正确（probably approximately correct，PAC）学习、决策树、支持向量机（surpport vector machine，SVM）、自适应增强（Adaptive Boostingo，AdaBoost）、循环神经网络、长短期记忆人工神经网络、流形学习和随机森林（random forest）等，并走向实用。

在机器学习发展过程中，众多优秀学者为推动机器学习的发展做出了巨大的贡献。1950 年，图灵在关于图灵测试的文章中就已提及机器学习的概念。1952 年，IBM 公司的塞缪尔设计了一款可学习的西洋跳棋程序，并在 1956 年正式提出了“机器学习”这一概念。塞缪尔认为，机器学习是在不直接针对问题进行编程的情况下，赋予计算机学习能力的研究领域。有“全球机器学习教父”之称的汤姆·米切尔（Tom Mitchell）则将机器学习定义为：对于某类任务 T 和性能度量 P，如果计算机程序在 T 上以 P 衡量的性能随着经验 E 而自我完善，就称这个计算机程序从经验 E 学习。以上这些定义都比较简单抽象，随着时间的变迁，机器学习的内涵和外延不断变化。

如今普遍认为，机器学习的处理系统和算法主要是通过找出数据里隐藏的模式进而做出预测的识别模式，它是人工智能的一个重要子领域，而人工智能又与更广泛的数据挖掘（data mining，DM）和知识发现（knowledge discovery in database，KDD）领域相交叉。为了更好地帮助大家理解和区分人工智能、机器学习、数据挖掘、模式识别（pattern recognition）、统计（statistics）、神经计算（neural computing）、数据库（database）、知识发现等概念，特绘制其交叉关系，如图 2.1 所示。

机器学习是一门多领域的交叉学科，涉及概率论、统计学、逼近论、凸分析、算法复杂性等多个学科或理论。机器学习专门研究计算机怎样模拟或实现人类的学习行为，以获取新的知识或技能，重新组织已有的知识结构，使之不断改善自身的性能。机器学习基本过程如图 2.2 所示。

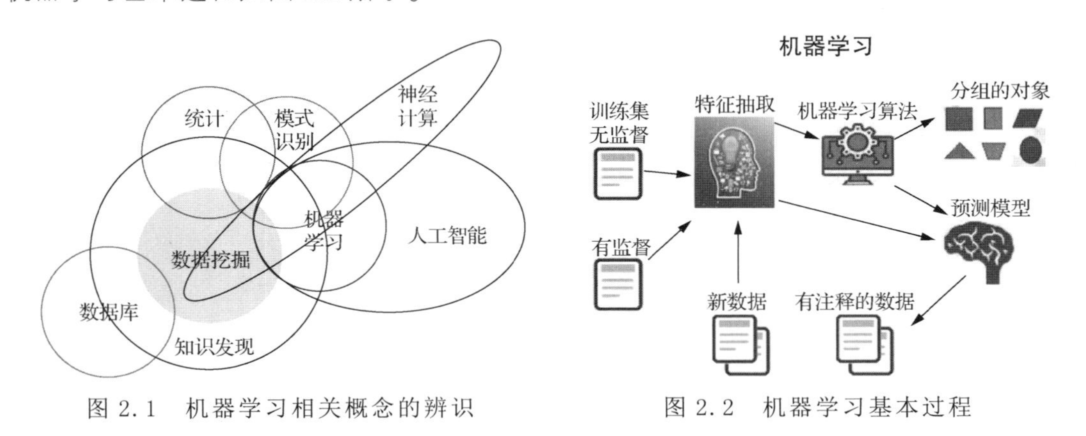

图 2.1 机器学习相关概念的辨识　　图 2.2 机器学习基本过程

2. 机器学习研究趋势

机器学习领域研究热度较高的 10 个技术话题，包括强化学习、深度神经网络、卷积神经网络、循环神经网络、生成模型、图像分类、支持向量机、迁移学习、主动学习、特征抽取。近年来，与图神经网络（GNN）、自注意力机制神经网络（Transformer）、持续学习、自监督学习等相关的技术主题的研究热度持续上升。

2.1.2 自然语言处理

随着人工智能技术的不断发展及广泛应用，人们已经接触到越来越多的智能语音产品，语音助手、智能客服、智能音箱以及由人工智能研究公司 OpenAI 发布的对话式大型语言模型 ChatGPT 在中外各大媒体平台掀起了一阵狂热之风。在与这些智能语音产品交流的过程中，你是否关注过其背后的工作原理？其原理就是人工智能的一个子领域：自然语言处理。

1. 自然语言处理的概念

自然语言是指汉语、英语、法语等人们日常使用的语言。作为由人类社会发展演变而来的语言，它是人类学习和生活中的重要工具。概括说来，自然语言是指人类社会约定俗成的、区别于如程序设计语言的人工语言。自然语言处理是以语言为对象，利用计算机技术对字、词、句、篇章进行输入、输出、识别、分析、理解、生成等操作和加工的一门学科，即把计算机作为语言研究的强大工具，在计算机的支持下对语言信息进行定量化研究，并提供可供人与计算机共同使用的语言描述。实现人机间自然语言通信意味着要使计算机既能理解自然语言文本的含义，也能以自然语言文本来表达特定的意图、思想等。前者称为自然语言理解，后者称为自然语言生成。因此，自然语言处理大致包括自然语言理解和自然语言生成两个部分。

自然语言处理是关于计算机科学与人工智能的一个重要学科，是语言学、数学、计算机科学、人工智能之间互相作用的领域，主要研究能实现人与计算机之间用自然语言进行有效通信的各种理论和方法，以实现人机间的信息交流，如能有效地实现自然语言通信的计算机软件系统。自然语言处理的具体表现形式包括机器翻译、文本摘要、文本分类、文本校对、信息抽取、语音合成、语音识别等。

自然语言的理解是一个层次化的过程。许多语言学家把这一过程分为 5 个层次，这样可以更好地体现语言本身的构成。这 5 个层次分别是语音分析、词法分析、句法分析、语义分析和语用分析，如图 2.3 所示。

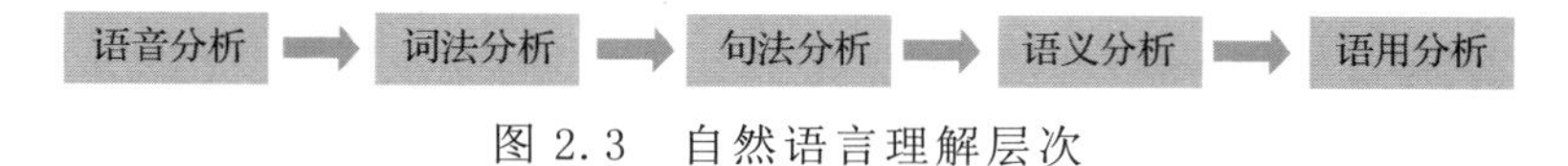

图 2.3　自然语言理解层次

（1）语音分析是根据音位规则，从语音流中区分出一个个独立的音素，再根据音位形态规则找出音节及其对应的词素或词。

（2）词法分析是找出词汇的各个词素，从中获得语言学的信息。

（3）句法分析是对句子和短语的结构进行分析，目的是找出词、短语等的相互关系以及各自在句子中的作用。

（4）语义分析是找出词义、结构意义及其结合意义，从而确定语言所表达的真正含义或概念。

（5）语用分析是研究语言所存在的外界环境对语言使用者所产生的影响。

在人工智能领域及语音信息处理领域中，学者们普遍认为采用图灵测试可以判断计算机是否理解了某种自然语言。其具体的判别标准如下。

（1）问答：机器能正确回答输入文本中的有关问题。

（2）文摘生成：机器有能力生成输入文本的摘要。

（3）释义：机器能用不同的词语和句型来复述输入的文本。

（4）翻译：机器具有把一种语言翻译成另一种语言的能力。

2. 自然语言处理的发展方向

自然语言处理领域研究热度较高的 10 个技术主题包括情感分析、机器翻译、知识问答、语言模型、神经网络模型、语义表示、知识图谱、词对齐、条件随机场和词义消歧。自然语言处理有以下 10 个发展方向：语义表示——从符号表示到分布表示；学习模式——从浅层学习到深度学习；NLP 平台化——从分布走到开放；语言知识——从人工构建到自动构建；对话机器人——从通用到场景化；文本理解与推理——从浅层分析向深度理解迈进；文本情感分析——从事实性文本到情感文本；社会媒体处理——从传统媒体到社交媒体；文本生成——从规范文本到自由文本；NLP+行业——与领域深度结合，为各行各业创造价值。未来，自然语言处理技术将与人工智能更多、更好地相互融合。

2.1.3 知识工程

1. 知识工程的概念

知识工程是一门运用现代科技手段来高效率、大容量地获得知识、信息的工程技术学科，其目的是最大限度提高人的才智和创造力，掌握知识和技能，为智力开发服务，其主要研究如何利用电子计算机和现代科技手段来开发新的通信、教育、控制系统。知识工程包括知识获取、知识验证、知识表示、推论、解释和运维等活动过程。知识工程是人工智能的原理和方法，对那些需要专家知识才能解决的应用难题提供求解的手段。恰当运用专家知识的获取、表达和推理过程的构成与解释是设计基于知识的系统的重要技术课题。知识工程为电子计算机的进一步智能化提供了条件，是关系人工智能发展的关键性学科。

知识工程的概念是 1977 年由美国斯坦福大学计算机科学家、1994 年图灵奖获得者、知识工程的建立者费根鲍姆（Feigenbaum）在第五届国际人工智能会议上提出的，后来在 1980 年的一个项目报告《知识工程：人工智能的应用方面》（*Knowledge Engineering: The Applied Side of Artificial Intelligence*）中被再次提出，从此确立了知识工程在人工智能中的核心地位。费根鲍姆认为，知识工程是将知识集成到计算机系统，从而完成只有特定领域专家才能完成的复杂任务。

下面对知识工程的知识获取、知识表示和知识应用进行介绍。知识获取研究知识处理系统如何从系统外部获得知识以充实知识库，包括对外部的数据进行知识化。知识表示研究怎样对知识进行形式化的描述，以便让计算机能合理地存储和使用知识。知识应用研究在知识处理系统中应如何组织和利用知识，使用怎样的推理方法，以达到所希望的目标。近年来热度火爆的知识图谱以及基于神经网络的知识推理等，都是新一代的知识工程技术。

在大数据时代，知识工程是从大数据中自动或半自动获取知识，建立基于知识的系统，以提供互联网智能知识服务。大数据对智能服务的需求已经从单纯地搜集获取信息，转变为自动化的知识服务。我们需要利用知识工程为大数据添加语义知识，使数据产生智慧，完成从数据到信息，再到知识，最终到智能应用的转变过程，从而实现对大数据的洞察、提供用户所关心问题的答案、为决策提供支持、改进用户体验等目标。知识工程可以被看成人工智能在知识信息处理方面的发展，它研究如何由计算机表示知识，进行问题的自动求解。知识工程的研究使人工智能的研究从理论转向应用，从基于推理的模型转向基于知识的模型，包括整个知识信息处理的研究。知识工程已成为一门新兴的边缘学科。

2. 知识工程研究方向

知识工程领域研究热度较高的 10 个技术主题包括知识库、语义网络、知识表示、关联开放数据、知识提取、语义技术、本体、描述逻辑、专家系统、知识推理。近年来，知识库、语义网络和知识表示等技术主题的研究热度上升较快，这与知识图谱（一种语义网络结构的知识库）的“研究热”密切相关。

2.1.4 信息检索与推荐

1. 信息检索与推荐的概念

信息检索（information retrieval，IR）是信息按一定的方式进行加工、整理、组织并存储起来，再根据信息用户特定的需要将相关信息准确地查找出来的过程，涉及信息的表示、存储、组织和访问，其主要目的是获取与需求匹配的信息。信息推荐是指系统向用户推荐用户可能感兴趣但又没有获取的有效信息，其实现主要依靠推荐系统。

信息检索是计算机科学的一大领域，主要研究如何为用户访问他们感兴趣的信息提供各种便利的手段，即信息检索涉及对文档、网页、联机目录、结构化和半结构化记录及多媒体对象等信息的表示、存储、组织和访问，信息的表示和组织必须便于用户访问他们感兴趣的信息。“好”的搜索算法是让用户获取信息的效率更高、停留时间更短的搜索算法。如今，信息检索领域研究用户建模、Web 搜索、文本分析、系统构架、用户界面、数据可视化、过滤和语言处理等技术。

信息检索的主要环节包括信息内容分析与编码、组成有序的信息集合以及用户提问处理和检索输出。其中信息提问与信息集合的匹配、选择是整个环节中的重要部分。信息检索系统流程如图 2.4 所示。

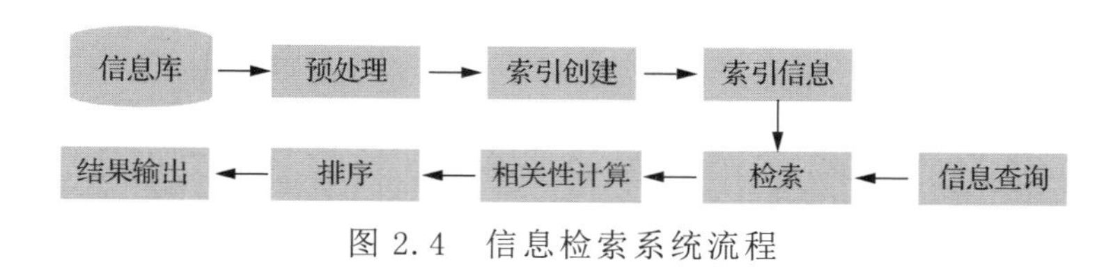

图 2.4　信息检索系统流程

推荐是指采用信息过滤技术，从海量项目（项目是推荐系统所推荐内容的统称，包括商品、新闻、微博、音乐等产品及服务）中找到用户感兴趣的部分并将其推荐给用户。推荐系统在用户没有明确需求或者项目数量过于巨大、凌乱时，能很好地为用户服务，解决信息过载问题。由于推荐系统在个性化方面的运作空间大，推荐系统又被称为“个性化推荐系统”“智能推荐系统”。推荐系统模型流程通常由用户特征收集、用户行为建模与分析、推荐与排序这 3 个重要模块组成，如图 2.5 所示。

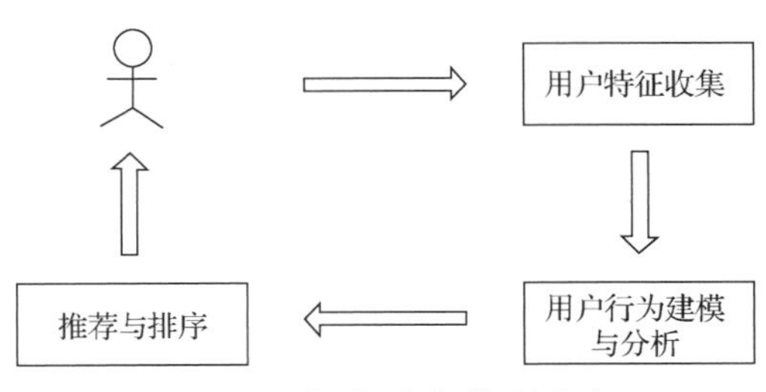

图 2.5　推荐系统模型流程

信息检索与推荐都是用户获取有用信息的手段，这两种方式之间是互补的并存关系。与搜索引擎不同的是：推荐系统不需要用户提供明确的需求，而是通过分析用户的历史行为给用户的兴趣建模，从而主动给用户推荐能够满足他们兴趣和需求的信息。因此，搜索引擎满足了用户有明确目的时的主动查找需求，而推荐系统能够在用户没有明确目的时帮助他们发现感兴趣的新内容。此外，推荐算法与被推荐的内容往往是紧密结合在一起的。用户获取推荐结果的过程可以是持续的、长期的。衡量推荐系统好坏的依据是其能否让用户停留更多的时间。对用户兴趣的挖掘越深入，越“懂”用户，那么推荐的成功率越高。

2. 信息检索与推荐研究方向

获取高质量的信息永远是人类的核心需求。信息检索与推荐在过去 10 年蓬勃发展。以搜索引擎为代表的一系列信息检索与推荐工具成为人们日常生活中不可或缺的工具之一。一方面，网络信息资源的迅猛膨胀推进了信息检索技术的发展和成熟；另一方面，人们对信息资源的高效获取需求也推动信息检索技术朝着更加智能化、个性化、专业化的方向发展。传统的信息检索、问答、对话与推荐技术将更加紧密地结合，使信息检索与推荐领域飞速发展。

信息检索与推荐领域研究热度较高的 10 个技术主题包括推荐系统、知识图谱、知识问答、协同过滤、机器学习、循环神经网络、Web 搜索、卷积神经网络、生成模型、学习排序。近年来，推荐系统、知识图谱和知识问答等技术主题的研究热度上升速度较快，逐渐发展为高热度研究主题。知识图谱由谷歌公司在 2012 年首次提出，其初衷是提升谷歌搜索引擎的质量。据统计，2021 年中国知识图谱核心市场规模为 107 亿元，预计 2026 年达到 296 亿元。知识图谱因其具备强大的信息组织和存储能力，在信息检索与推荐领域应用广泛。

2.1.5 计算机视觉

1. 计算机视觉概念

视觉是人类认知世界的重要组成部分，而计算机视觉作为人工智能的核心技术之一，在近些年取得了突破性的进展。计算机视觉技术利用摄像机以及计算机替代人眼对目标进行识别、跟踪、测量、判别、决策等，并进一步做图形处理，使计算机处理的信息成为更适合人眼观察或传送给仪器检测的图像。它的主要任务就是通过对采集的图像或视频进行处理以获得相应场景的三维信息，进而对客观世界的三维场景进行感知、识别和理解。计算机视觉技术是一项包含计算机科学与工程、神经生理学、物理学、信号处理、认知科学、应用数学与统计等多学科知识的综合性科学技术，是人工智能的一个重要分支，目前在智能安防、自动驾驶汽车、医疗影像识别、工业产品缺陷检测、作物和产量监测等领域具有重要的应用价值。

计算机视觉的研究目标是使计算机具备人类的视觉能力，能看懂图像内容、理解动态场景，期望计算机能自动提取图像、视频等视觉数据中蕴含的层次化语义概念及多语义概念间的时空关联等。

计算机视觉的研究内容大致可以分为物体视觉（object vision）和空间视觉（spatial vision）两大部分。物体视觉在于对物体进行精细分类和鉴别，而空间视觉在于确定物体的位置和形状，为“动作”（action）服务。正像知名的认知心理学家 J.J.吉布森（J. J. Gibson）所言，视觉的主要功能在于“适应外界环境，控制自身运动”。适应外界环境和控制自身运动是生物生存的需求，这些功能的实现需要靠物体视觉和空间视觉协调完成。

计算机视觉的重点研究领域有物体识别和检测、语义分割、运动和跟踪（motion & tracking）、视觉问答（visual question & answering）等。

物体识别和检测是指对于给定的一张输入图像，算法能够自动找出图像中的常见物体，并将其所属类别及位置输出。由此衍生出了诸如人脸检测（face detection）、车辆检测（vehicle detection）等细分类的检测算法。

语义分割可以看作一种特殊的分类，即将输入图像的每一个像素点进行归类，用一张图就可以很清晰地将其描述出来。物体识别和检测通常是将物体在原图像上框出，而语义分割是从每个像素上进行分类，图像中的每个像素都有属于自己的类别。

运动跟踪是计算机视觉中的一个重要任务，涉及在视频序列中检测、分析和跟踪物体的运动。运动检测是运动跟踪中的第一步，旨在识别视频序列中发生变化的区域，即运动区域。运动检测的基本原理是通过分析视频帧之间的变化，识别出哪些区域包含运动，通常涉及比较连续帧或当前帧与背景模型之间的差异。跟踪是第二步，主要是在一段给定的视频中，在第一帧给出被跟踪物体的位置及尺寸大小，在后续的视频中，跟踪算法需要从视频中去找到被跟踪物体的位置，并适应各类光照变换、运动模糊以及外观变化等。跟踪研究近年来由过去的非深度算法跨越到了深度学习算法，精度也越来越高，不过实时的深度学习跟踪算法精度一直难以提升，而精度非常高的跟踪算法的速度又十分慢，因此在实际应用中很难派上用场。目前而言，很多跟踪算法都是改进自检测算法或识别算法。

视觉问答旨在根据输入图像，由用户进行提问，而算法自动对提问内容进行回答。除了问答以外，还有一种算法被称为标题生成算法（title generation algorithm），即计算机自动生成一段描述该图像的文本，而不进行问答。对于这类跨越两种数据形态（如文本和图像）的算法，有时候也可以称之为多模态或跨模态问题。

2. 计算机视觉研究方向

计算机视觉领域研究热度较高的 10 个技术主题包括自注意力机制、自监督、多模态、3D 视觉、卷积神经网络、目标检测、图像分割、图像分类、机器视觉、图像重建。自注意力机制神经网络、自监督训练策略、多模态多任务分类、预训练模型等多个计算机视觉模型在实际应用中取得了显著效果，其技术研究热度持续攀升。

2.1.6 语音识别

1. 语音识别的概念

语音识别是让机器识别和理解说话人语音信号内容的技术。其目的是将语音信号转换为计算机可读的文本字符或者命令，利用计算机理解讲话人的语义内容，使其听懂人类的语音，从而判断说话人的意图。语音识别是一种非常自然和有效的人机交流方式，涉及的领域包括数字信号处理、声学、语音学、信息理论、信号处理、计算机科学、心理学等，因此，其也是一项涵盖多个学科领域的交叉科学技术。

语音识别技术主要包括特征抽取技术、模式匹配准则及模型训练技术 3 个方面。其本质是一种基于语音特征参数的模式识别，即通过学习，系统能够把输入的语音按一定模式进行分类，进而依据判定准则找出理想的匹配结果。目前，模式匹配原理已经被应用于大多数语音识别系统中。语音识别包含两个阶段：第一个阶段是学习和训练，即提取语音库中语音样本的特征参数作为训练数据，合理设置模型参数的初始值，对模型各个参数进行重估，使识别系统具有理想的识别效果；第二个阶段就是识别，将待识别语音信号的特征根据一定的准则与训练好的模板库进行比较，最后通过一定的识别算法得出识别结果。识别结果的好坏与模板库是否准确、模型参数的好坏以及特征参数的选择是否合适都有直接的关系。从语音识别的发展来看，语音识别技术主要分为三大类：第一类是模型匹配法，包括矢量量化（vector quantization，VQ）、动态时间规整（dynamic time warping，DTW）等；第二类是概率统计方法，包括高斯混合模型（Gaussian mixture model，GMM）、隐马尔可夫模型（hidden Markov model，HMM）等；第三类是辨别器分类方法，如支持向量机、人工神经网络和深度神经网络等，以及多种组合方法。

语音识别的基本结构如图 2.6 所示。语音识别首先要对采集的语音信号进行预处理，然后利用相关的语音信号处理方法计算语音的声学参数，提取相应的特征参数，最后根据提取的特征参数进行语音识别。其中，预处理主要是对输入的语音信号进行预加重和分段加强等处理，并滤除其中的不重要信息及背景噪声等，然后进行端点检测，以确定有效的语音段。特征抽取是将反映信号特征的关键信息提取出来，以此降低维数，减小计算量，用于后续处理，这一过程相当于一种信息压缩。之后根据提取的特征参数，进行语音训练和识别。常用的特征参数有基于时域的幅度、过零率、能量以及基于频域的线性预测倒谱系数、Mel 倒谱系数等。

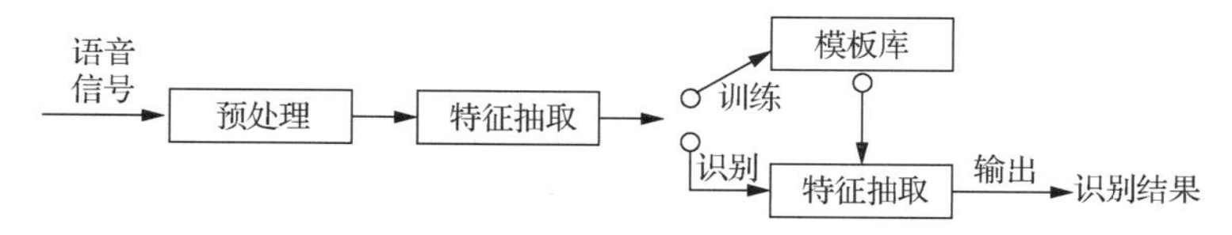

图 2.6 语音识别的基本结构

2. 语音识别研究方向

随着人工智能的迅速发展，语音识别技术逐渐成为国内外研究机构的研究焦点。人们致力于使机器能够听懂人类的话语指令，并希望通过语音实现对机器的控制。作为一项人机交互的关键技术，语音识别在过去的几十年里取得了飞速的发展，在研究和探索过程中针对语音识别的各流程进行了各种各样的尝试和改造，以寻求更好的方法来完成语音识别流程中的各个步骤，以此来促进在不同环境下语音识别的效率和准确率。研究人员从最简单的非常小词汇量的阅读式语音识别问题开始，逐渐转向越来越复杂的问题。在未来，智能庭审、智慧教育、自动客户服务、车载语音等人工智能相关领域将成为语音识别的应用方向。

研究显示，语音识别领域研究热度较高的 10 个技术主题包括深度神经网络、语音增强（speech enhancement）、语音合成、说话人识别、卷积神经网络、循环神经网络、支持向量机、主成分分析、生成模型、强化学习。近年来，深度神经网络在语音识别领域的研究热度持续上升，它的加入使语音识别性能有了极大的提高。

2.1.7 机器人

1. 机器人的概念

国际标准化组织对机器人的定义：机器人是具有两个或两个以上可编程的轴，以及一定程度的自主能力，可在其环境内运动以执行预期任务的执行机构。

概括地讲，机器人是指能够半自主或全自主工作的智能机器，具有感知、决策、执行能力，可以辅助甚至替代人类完成危险、繁重、复杂的工作。机器人是自动执行工作的机器装置，既可以接受人类指挥，又可以运行预先编排的程序，也可以根据以人工智能技术制定的原则纲领行动。机器人具有提高工作效率与质量，服务人类生活，扩大或延伸人的活动及能力范围等作用，它是人类历史上非常重要的发明成果。

机器人学（robotics）的研究目标是实现以智能计算机为基础的机器人的基本组织和操作，它包括基础研究和应用研究两个方面的内容，研究课题包括机械手设计、机器人动力和控制、轨迹设计与规划、传感器、机器人视觉、机器人控制语言、装置与系统结构和机械智能等。机器人学综合了力学、机械学、电子学、生物学、控制论、传感器、计算机、人工智能、系统工程、材料学和仿生学等多个学科领域的知识。

过去几十年，机器人技术的研究与应用大大推动了人类的工业化和现代化进程，并逐步形成了机器人产业链，使机器人的应用范围日趋广泛。机器人技术最早应用于工业领域。在当代工业中，机器人指能自动执行任务的人造机器装置，用以取代或协助人类工作，一般是机电装置，由计算机程序或电子电路控制。机器人可以做重复性高或是危险、人类不愿意从事的工作，也可以做一些因为尺寸限制，人类无法完成的工作，甚至可以在外太空或深海等不适合人类生存的环境中工作。机器人在越来越多的方面可以取代人类，或是在外貌、行为、认知，甚至情感上取代人类。

随着机器人技术的发展和各行业需求的提升，近年来，在计算机技术、网络技术、微机电系统技术等新技术发展的推动下，机器人技术正从传统的工业制造领域向医疗服务、教育娱乐、勘探勘测、生物工程、救灾救援等领域迅速扩展，适应不同领域需求的机器人系统正在被深入研究和开发。

2. 机器人研究方向

目前，将人工智能技术应用到机器人的研究已经取得了显著的成果。在现代社会，智能机器人发挥的作用越来越重要，它已成为衡量一个国家工业化水平的重要标志。机器人领域研究热度较高的10个技术主题包括运动规划、无人机、机器人运动学、强化学习、避障、自主机器人、目标检测、动作控制、位置控制、医用机器人。近年来，运动规划、无人机和强化学习等技术主题的研究热度显著增长，机器人运动学的研究热度保持较高的水平。

2.1.8 数据挖掘

1. 数据挖掘的概念

数据挖掘是指从大量的数据中自动搜索隐藏于其中的有着特殊关系性的数据和信息，并将其转换为计算机可处理的结构化表示，是知识发现的一个关键步骤。数据挖掘是一项综合性技术，涉及统计学、数据库技术和人工智能技术。数据挖掘的对象可以是任何类型的数据源，包括数据库数据、数据仓库、事物数据，以及文本数据、多媒体数据、空间数据、时间序列数据、数据流、图或网络数据等。

数据挖掘的常见任务有：①数据表征，即对目标类数据的一般特性或特征进行总结；②异常检测（anomaly detection），数据库可能包含不符合数据一般行为或模型的数据对象，这些数据对象即异常值；③关联规则学习，搜索变量之间的关系；④聚类，即在未知数据的结构的情况下，发现数据的类别与结构，通常使用基于最大化类内相似性和最小化类间相似性的原则对对象进行聚类或分组；⑤分类，这是查找描述和区分数据类别或概念的模型（或函数）的过程，能够使用模型来预测类别标签未知的对象的类别；⑥回归，试图找到能够以最小误差对该数据建模的函数；⑦数据演化分析，描述并建模其行为随时间变化的对象的规则或趋势，分析特征包括时间序列数据分析、序列或周期性模式匹配以及基于相似性的数据分析。

2. 数据挖掘研究方向

数据挖掘是人工智能领域研究的热点，其致力于在大规模、不完全、有噪声、模糊随机的数据集中提取隐含其中、潜在有用的未知知识。数据挖掘领域研究热度较高的 10 个技术主题包括社交网络、异常检测、大数据、强化学习、生成模型、迁移学习、图模型、聚类、分类、知识图谱。近 10 年，社交网络和大数据等技术主题的研究热度一直保持在较高水平，这与移动互联网的发展，以及社交网络平台的不断涌现有关。近些年来，异常检测和强化学习相关主题的研究热度也明显上升。

2.1.9 人机交互

1. 人机交互的概念

人机交互，也称人机互动，是人与计算机之间为完成某项任务所进行的信息交换过程，是一门研究系统与用户之间的交互关系的学问。系统可以是各种各样的机器，也可以是计算机化的系统和软件。人机交互界面通常是指用户的可见部分，用户通过人机交互界面与系统交流，并进行操作。人机交互技术是计算机用户界面设计中的重要内容之一，与认知学、人机工程学、心理学等学科领域有密切的联系。

人机交互是现代信息技术、人工智能技术研究的热门方向。目前关于人机交互的定义主要有 3 种：一是国际计算机协会的定义，即有关交互计算机系统设计、评估、实现以及与之相关现象的学科；二是伯明翰大学教授艾伦•迪克斯（Alan Dix）的定义，即人机交互是研究人、计算机以及人与计算机之间相互作用方式的学科，学习人机交互的目的是使计算机技术更好地为人类服务；三是宾夕法尼亚州立大学约翰•M.卡罗尔（John M.Carroll）的定义，即人机交互指的是有关可用性的学习和实践，是关于理解和构建用户乐于使用的软件和技术，并能在使用时发现产品有效性的学科。

2. 人机交互研究方向

人机交互是计算机系统的重要组成部分，是影响人工智能产品易用性和友善性的重要条件。现阶段，智能人机交互成为人机交互的热门研究方向。人机交互领域研究热度较高的 10 个技术主题包括虚拟现实、增强现实、交互设计、视觉缺陷、混合现实、社会计算、普适计算、眼动追踪、信息可视化、众包。近几年，虚拟现实、增强现实等研究发展迅猛，科学家对这两种技术将要在各行各业所产生的作用寄予了极高预期。

2.1.10 可视化技术

1. 可视化技术的概念

可视化技术是把各种类型的数据转换为可视的表示形式，并获得对数据更深层次认识的技术。可视化将复杂的信息以图像的形式呈现出来，让这些信息更容易、更快速地被人理解，因此，它也是一种放大人类感知的图形化表示方法。可视化技术充分利用计算机图形学、图像处理、用户界面、人机交互等技术，以人们惯于接受的表格、图形、图像等形式，并辅以信息处理技术（如数据挖掘、机器学习等），将复杂的客观事物进行图形化展现，使其便于人们记忆和理解。可视化为人类与计算机这两个信息处理系统提供了交互接口，在信息的处理和表达方式方面有其独有的优势，其特点可总结为可视性、交互性和多维性。

目前，数据可视化针对不同的数据类型及研究方向，可以进一步划分为科学数据可视化、信息可视化和可视分析学 3 个子领域。这 3 个子领域既紧密相关又分别专注于不同类型的数据及可视化问题。具体而言，科学数据可视化是针对科学数据的可视化展现技术。科学数据，如医疗过程中由 CT（计算机体层成像）生成的影像数据、风洞实验中产生的流体数据、分子的化学结构等，是对物理世界的客观描述，往往是通过科学仪器测量得到的数据。这类数据的可视化主要关注于如何以清晰、直观的方式展现数据所刻画的真实物理状态。因此，科学数据可视化往往呈现的是三维场景下的时空信息。信息可视化注重于如何以图形的方式直观展现抽象数据，它是对人类图形认知系统的研究。在这里，抽象数据（如图形数据、多维度数据、文本数据等）往往是对各应用领域所产生数据的高层次概括，记录的是抽象化的信息。针对这样的数据，信息可视化着眼于多维度信息的可视编码技术，即如何以低维度（二维）的图形符号来直观展现并揭示抽象数据中所隐藏的潜在规律与模式。可视分析学是多领域技术结合的产物，旨在结合并利用信息可视化、人机交互、数据挖掘领域的相关技术，将人的判断与反馈作为数据分析中重要的一环，从而达到精准数据分析、推理及判断的目的。

可视化技术的重要性在于：通过提供对数据和知识的展现，建立用户与数据系统交互的良好沟通渠道；利用人类对图形信息与生俱来的模式识别能力，通过直观的图像化方式展现数据，从而帮助用户快速发觉数据中的潜在规律，并借助分析人员的领域知识与经验，对模式进行精准分析、判断、推理，以达到辅助决策的目的。目前可视化技术在各行各业中均得到了广泛的应用。其中，可视化技术在信息安全、智慧医疗、电子商务、机器学习、智慧城市、文化体育、数字新闻、气象预报、地质勘测等诸多领域发挥着越来越重要的作用。

2. 可视化技术研究方向

可视化技术的主要研究方向包括：海量、异构、时变、多维数据的可视化展示方案；可视化在可解释性深度学习领域的应用；自动可视化生成技术；基于形式概念分析理论的知识可视化方法；可视化模式识别；整体可视与局部详细可视相结合的新方法等。同时，可视化技术研究面临以下挑战：如何进一步深入挖掘人类对于图形、动画以及交互的感知、认知模式，从而进一步完善可视化的相关理论；如何打破“手工作坊”式的针对每一个问题单独制订数据可视化设计方案的传统模式，大规模批量创造、生成个性化的可视展现；如何根据用户的数据分析任务与需求自动推荐合适的可视化展现方式。

基于可视化的方法迎接 4 个“V”的挑战，并将它们转换成以下机遇：体量（volume），使用数据量很大的数据集开发，并从大数据中获得意义；多源（variety），开发过程中需要尽可能多的数据源；高速（velocity），企业不用再分批处理数据，而是可以实时处理全部数据；价值（value），不仅为用户创建有吸引力的信息图和热点图，还能通过大数据获取意见，创造商业价值。

大数据可视化的多样性和异构性（结构化、半结构化和非结构化）是一个大问题。高速是大数据分析的要素。在大数据中，设计一个新的可视化工具并具有高效的索引并非易事。云计算和先进的图形用户界面更有助于发展大数据的扩展性。可视化系统必须与非结构化的数据形式（如图表、表格、文本、树状图，还有其他的元数据等）相抗衡，而大数据通常是以非结构化形式出现的。由于宽带限制和能源需求，可视化应该更贴近数据，并有效地提取有意义的信息。可视化软件应以原位方式运行。由于大数据的容量问题，大规模并行化成为可视化过程的一个挑战。并行可视化算法的难点则是如何将一个问题分解为多个可同时运行的独立的任务。

高效的数据可视化是大数据时代发展进程中关键的一部分。大数据的复杂性和高维度催生了几种降维方法。然而，它们可能并不总是那么适用。高维数据可视化越有效，识别出潜在的模式、相关性或离群值的概率越高。大数据可视化还面临以下问题。

（1）视觉噪声：在数据集中，大多数对象之间具有很强的相关性。用户无法把它们分离作为独立的对象来显示。

（2）信息丢失：减少可视数据集的方法是可行的，但是这会导致信息的丢失。

（3）大型图像感知：可视化不仅受限于设备的长宽比和分辨率，还受限于人们对现实世界的感受。

（4）高速图像变换：在该操作下，用户虽然能观察数据，却不能对数据强度变化做出反应。

（5）高性能要求：静态可视化几乎没有这个要求，因为可视化速度较低，性能的要求也不高。

可感知交互的扩展性也是大数据可视化面临的挑战。可视化的每个数据点都可能导致过度绘制而降低用户的辨识能力，通过抽样或过滤数据可以删去离群值。查询大规模数据库的数据可能导致高延迟，降低交互效率。在大数据的应用程序中，大规模数据和高维度数据会使数据可视化变得困难。当前大多数大数据可视化工具在扩展性、功能和响应时间上表现得非常糟糕。可视化分析过程中，不确定性是有效考虑不确定性的可视化过程面临的巨大挑战。

可视化领域研究热度较高的 10 个技术主题包括计算机图形学、计算几何、实体建模、图像重建、个性化可视化、人性化可视化、视觉感知、信息可视化、交互式可视化、数据可视化。数据可视化、交互式可视化等技术主题的研究热度呈上升趋势且始终保持较高的研究热度。

2.1.11 其他人工智能外延技术

1. 经典人工智能

经典人工智能领域主要是根据国际先进人工智能协会（Association for the Advancement

of Artificial Intelligence，AAAI）会议和国际人工智能联合会议（International Joint Conference on Artificial Intelligence，IJCAI）两个会议议题而设置的。这两个会议是人工智能领域的顶级会议，分别在 1980 年和 1969 年举行第一次会议，创办历史悠久，领域覆盖面广，涵盖知识工程、自然语言处理、机器学习、深度学习、数据挖掘、计算机视觉、信息检索与推荐等。

经典人工智能领域研究热度较高的 10 个技术主题包括机器学习、强化学习、深度学习、知识库、自然语言处理、计算机视觉、主动学习、数据挖掘、信息检索、计算复杂性。随着时间推进，这些技术主题的研究热度逐年增加，尤其是自然语言处理、计算机视觉、深度学习的研究热度在近 10 年快速增长。其中，深度学习具有学习能力强、适应性好、可移植性好等优点，在图像识别、语音识别、自然语言处理等领域表现得尤为突出，已经成为经典人工智能领域讨论非常多的技术之一。

2. 安全与隐私

人工智能安全包含两个层面的含义：一是基于人工智能的信息安全，用人工智能支撑安全，助力信息安全防御；二是人工智能自身的安全问题，人工智能自身存在安全脆弱性。随着人工智能技术的快速发展，大数据作为基础性资源，给社会进步、经济发展带来强大的驱动力，但同时也带来了很大的安全问题。人工智能伦理将是未来智能社会的发展基石，明确人工智能在安全、隐私、公平等方面的伦理原则，将会推进人工智能行业健康发展。

安全与隐私领域研究热度较高的 10 个技术主题包括密码学、访问控制、网络安全、信息安全、可信计算、公钥、数据安全、同态加密、数字签名、数据隐私。访问控制、同态加密以及数据隐私是近年来研究热度较高的主题，尤其是同态加密，其研究热度呈现明显的上升趋势。

3. 芯片技术

人工智能芯片也被称为人工智能加速器或计算卡，即为人工智能提供算力资源的专用计算硬件，是能够影响人工智能发展的重要因素。人工智能芯片按照技术架构分类，包括通用芯片、半定制化芯片、全定制化芯片、类脑芯片。

人工智能的发展与硬件系统密不可分。从 1985 年起，贝尔实验室开发了一系列神经网络芯片。1989 年，英特尔公司发布了包含 64 个模拟神经元和 10240 个模拟突触的芯片 ETANN。英伟达公司在 2006 年推出了统一计算设备架构（compute unified device architecture，CUDA）以及对应的 G80 平台，第一次让 GPU 具有可编程性，让 GPU 的核心流式处理器既具有处理像素、顶点、图形等渲染能力，又具备通用的单精度浮点处理能力。

芯片技术领域研究热度较高的10个技术主题包括能量消耗、集成电路设计、机器学习、低功耗电子器件、现场可编程逻辑门阵列、互补金属氧化物半导体、功率损耗、系统级芯片、超大规模集成电路设计、低电压。功率损耗和集成电路设计的研究热度一直保持在较高水平；从2013年起，机器学习的相关研究也快速升温，成为芯片技术领域的研究新热点。

机器学习芯片架构发展的两方面：算法应用和底层器件。机器学习芯片重点关注深度神经网络和卷积神经网络，近年来的相关研究逐步拓展到对新的智能算法的加速上，如面向循环神经网络的加速器、面向记忆增强神经网络（memory-augmented neural network，MANN）的加速器以及面向图神经网络的加速器等。此外，与基于传统器件不同，新的器件和工艺极有可能带来机器学习芯片性能和能效的飞跃，其典型的研究包括基于近似存储的深度神经网络推理和基于多芯片组件（multi-chip module，MCM）的加速器架构等。为了帮助理解大脑工作机制并高效解决智能任务，目前已有大量针对脉冲神经网络的神经拟态芯片工作，其中的典型代表是基于混合模拟信号电路的NeuroGrid和基于数字电路的TrueNorth。2019年，关于支持机器学习和类脑计算的异构融合类脑计算芯片“天机芯”的文章发表于《自然》（*Nature*）杂志，并在自助驾驶自行车上进行了实验。总之，智能体系架构与芯片方向的研究将持续在新兴算法场景和新型器件工艺的双重驱动下，在降低编程门槛的同时不断提升对广泛智能任务的处理性能和能效，为探索通用人工智能的机理和应用提供强大的算力支撑。

4. 数据库

随着计算机技术与网络通信技术的快速发展，数据库技术已经成为当今信息社会中对大量数据进行组织与管理的重要技术手段，是网络信息化管理系统的基础。数据库是按一定的结构和规则组织起来的相关数据的集合，是综合各用户数据而形成的数据集合，是存放数据的仓库。作为以一定方式存储在一起、能与多个用户共享、具有尽可能小的冗余度、与应用程序彼此独立的数据集合，数据库可被视为电子化的文件柜，用户可以对文件中的数据进行新增、查询、更新、删除等操作。

大数据时代的到来和云计算的发展也带来了数据库领域的革新，数据库管理系统以及数据库相关技术的发展成为促进计算机科学和人工智能发展的重要力量。数据库的智能化可以借鉴人工智能技术来实现数据库管理系统的表达、推理和查询能力；智能化的数据库表现为扩充现有数据库系统的功能，使其具备一定的演绎、推理功能，提高系统的智能化程度。数据库技术与网络通信技术、人工智能技术、面向对象程序设计技术、并行计算技术等互相渗透和结合，是当前数据库技术应用的主要特征。

近年来，以机器学习为代表的人工智能技术因其强大的学习和适应能力，在多个领域都大放异彩。同样地，在数据管理领域，传统机器学习和深度学习等技术也有巨大的潜力和广阔的应用前景。例如，数据库系统所积累的海量历史查询记录可以为基于学习的数据库智能优化技术提供数据支撑。一方面，我们可以构建包含查询、视图或数据库状态的有标签数据，如在视图选择问题中，这个标签是指每个候选视图是否被选中。另一方面，在缺乏标签数据的时候，我们可以利用（深度）强化学习技术探索性地（从选择结果的反馈中学习）选择最优的候选视图。此外，人工智能技术让自治数据库的自动决策管理、自动调优和自动组装等需求成为可能。在以深度学习为代表的人工智能技术加持下，数据库朝着更加智能的方向发展，数据管理技术也随之智能化。近些年涌现的自治数据库和人工智能原生数据库（artificial intelligence native database），通过融合人工智能技术到数据库系统的各个模块（优化器、执行器和存储引擎等）和数据管理的生命周期，可以大幅度提升数据库各方面的性能，为下一代数据库和人工智能技术的发展指明了一个方向。

另外，数据管理技术也能以基础设施的身份支持人工智能的发展。目前的人工智能在落地过程中还面临一些挑战。首先，人工智能算法训练效率较低，现有人工智能系统缺少执行优化技术（如大规模缓存、数据分块分区、索引等），不仅会导致大量的计算、存储资源浪费，而且会提高程序异常（如内存溢出、进程阻塞等）的发生率，严重影响单个任务的执行效率。其次，人工智能技术往往依赖高质量的训练数据，现实中的训练数据往往包含很多缺失值、异常值和别名等类型的错误，这些错误通常会影响训练效率，对模型的质量造成干扰。面向人工智能的数据管理技术可以为解决上述挑战做出贡献。

数据库领域研究热度较高的 10 个技术主题包括数据集成、查询优化、机器学习、查询语言、关系数据库、知识库、复杂查询、数据仓库、索引结构、大图。近年来机器学习、数据集成和知识库的研究热度上升很快，查询优化技术一直保持较高的热度。

5. 计算机图形学

国际标准化组织（International Organization for Standardization，ISO）将计算机图形学定义为：计算机图形学是一门研究通过计算机将数据转换成图形，并在专门显示设备上显示的原理方法和技术的学科。它是建立在传统的图形学理论、应用数学及计算机科学基础上的一门边缘学科。这里的图形是指 3D 图形的处理。简单来讲，它的主要研究内容是如何在计算机中表示图形，以及利用计算机进行图形的计算处理和显示的相关原理与算法。

计算机图形学开创之初，主要解决的问题是在计算机中表示3D图形以及利用计算机进行图形的生成处理和显示的相关原理与算法，其目的是产生令人赏心悦目的真实感图像。随着近些年的发展，计算机图形学的研究内容变得非常广泛，包括图形硬件、图形标准、图形交互技术、栅格图形生成算法、曲线曲面造型、实体造型、真实版图形的计算、显示算法、科学计算可视化、计算机动画、虚拟现实、自然景物仿真等。

计算机图形学的总体框架可以包括以下几个部分：数学和算法基础、建模、渲染以及人机交互技术。计算机图形学需要一些基本的数学算法，如向量和几何的变化、几何建模时的3D空间变化、3D到2D的图形变换等。建模是进行图形描述和计算，由于在多维空间中有各种组合模型，有一些是解析式表达的简单形体，也有一些隐函数表达的复杂曲线，因此需要进行复杂的建模工作。渲染也叫绘制，指的是模型的视觉实现过程，如对光照纹理等理论和算法进行处理，其中也需要大量的计算。交互技术可以说是图形学交互的重要工具，是计算机图形学的重要应用。

过去10年，随着数字化技术和互联网的发展，计算机图形学在许多领域都已经得到了广泛的应用，如遥感图像分析、多媒体通信、医疗诊断、机器人视觉等。当前计算机图形学的研究逐渐向多学科交叉融合方向发展，既有与认知计算、机器学习、人机交互的融合，也有与大数据分析、可视化的融合；不仅针对3D数字模型，而且涵盖了图像视频，与计算机视觉深度交叉。计算机图形学发展的一个潜在趋势是不再有明确、清晰的主题，更多地体现出方法和技术上的创新。近两年来，计算机图形学重要期刊、会议的相关论文热点研究内容主要集中在自监督学习（self-supervised learning）、全景分割（panoptic segmentation）、神经结构搜索（neural architecture search）和生成对抗网络等方面。

计算机图形学领域研究热度较高的10个技术主题包括虚拟现实、增强现实、计算摄影、计算机动画、3D图形与现实主义、三角网格、图像处理、卷积神经网络、3D打印、3D重建。其中虚拟现实和增强现实等技术主题的研究热度一直维持在较为领先的位置，卷积神经网络与3D打印近几年来也呈现出快速上升的态势。

6. 多媒体技术

多媒体技术是融计算机、声音、文本、图像、动画、视频和通信等多种功能于一体的技术，它借助日益普及的高速信息网实现计算机的全球联网和信息资源共享，并且它给传统的计算机系统、音频和视频设备带来了方向性的变革，对大众传媒产生了深远的影响。在计算机领域，多媒体技术中的“媒体”有下列五大类：①感觉媒体，指的是能使人产生直接感觉的介体，如声音、动画、文本等；②表示媒体，指的是为了传送感觉媒体而人为研究出来的介体，如语言编码、电报码、条形码等；③显示媒

体，指的是用于通信中使电信号与感觉媒体之间产生转换的介体，如键盘、鼠标、打印机等；④存储媒体，指的是用于存放某种媒体的介体，如纸张、磁带、磁盘、光盘等；⑤传输媒体，指的是用于传输某些媒体的介体，如电话线、电缆、光纤等。

多媒体是多种媒体的综合，一般包括文本、声音和图像等多种介体形式。在计算机系统中，多媒体指组合两种或两种以上介体的一种人机交互式信息交流和传播媒体。多媒体技术是通过计算机对语言文字、数据、音频、视频等各种信息进行存储和管理，使用户能够通过多种感官跟计算机进行实时信息交流的技术。多媒体技术所展示、承载的内容实际上都是计算机技术的产物。多媒体技术是信息时代的产物，已经发展成为现代信息交流的关键方式。

多媒体技术的一些概念和方法，起源于20世纪60年代，实现于20世纪80年代中期。自20世纪90年代以来，多媒体技术逐渐成熟，从以研究开发为重心转移到以应用为重心。在近几年的研究中，多媒体技术呈现出与计算机体系结构、计算机网络、人机交互、信息安全、社会网络等多学科交叉融合的发展趋势。

多媒体分析以文本、图像、声音、视频等多种类型媒体数据为研究对象，主要的研究目的一方面是使计算机具备人类的多媒体（如视、听）理解能力，另一方面是从多媒体数据中挖掘信息和知识，帮助人类更好地理解世界。

多媒体技术研究领域包括多媒体信息处理、多媒体数据压缩编码、多媒体内容分析与检索技术、多媒体交互与集成、多媒体通信与网络、多媒体内容安全、多媒体系统与虚拟现实等。其涉及的技术内容具体包括以下几项。

（1）多媒体数据压缩：多模态转换、压缩编码。

（2）多媒体处理：音频信息处理，如音乐合成、语音识别、文字与语音相互转换；图像与视频处理，如图像分割、图像增强、视频压缩等。

（3）多媒体数据存储：多媒体数据库。

（4）多媒体数据检索：基于内容的图像检索、视频检索。

（5）多媒体著作工具：多媒体同步、超媒体和超文本。

（6）多媒体通信与分布式多媒体：基于计算机的协同工作、会议系统、视频点播系统和系统设计。

（7）多媒体专用设备技术：多媒体专用芯片技术，多媒体专用输入输出技术。

（8）多媒体应用：人工智能与远程教学、GIS（地理信息系统）与数字地球、多媒体远程监控等。

多媒体领域研究热度较高的10个技术主题包括图像检索、机器学习、特征抽取、模式识别、卷积神经网络、语音处理、视频分析、视频压缩、图像分类、图像分割。近年来，特征抽取的研究热度一直较高。

7. 计算理论

计算理论涉及理论计算机科学与数学等多学科综合知识，是现代密码协议、计算机设计和许多应用领域的基础。它主要包括算法、算法学、计算复杂性理论、可计算性理论、自动机理论和形式语言理论等。计算理论于19世纪上半叶初具雏形，目前已广泛应用于应用程序设计、编译等方面。随着科技的进步，计算理论将在更多领域展开应用。

计算理论领域研究热度较高的10个技术主题包括计算复杂性、图论、可满足性、参数复杂性、计算几何、近似化算法、通信复杂性、线性规划、确定性算法、随机化算法。计算复杂性、通信复杂性等技术主题的研究热度近年来快速上升，这主要得益于机器学习和深度学习在人工智能领域的广泛应用。为了提高算法效率，计算复杂性的研究热度一直居高不下。

8. 计算机网络

计算机网络是指将地理位置不同的具有独立功能的多台计算机及其外部设备，通过通信线路连接起来，在网络操作系统、网络管理软件及网络通信协议的管理和协调下，实现资源共享和信息传递的计算机系统。最早的计算机网络诞生于20世纪60年代至20世纪70年代，20世纪70年代计算机网络的基本概念初步形成。20世纪90年代至今，以因特网为代表的互联网成为最具有代表性的计算机网络。计算机网络是人工智能发展的重要依托平台，也是人工智能发展必不可少的条件。

计算机网络领域研究热度较高的10个技术主题包括无线传感器网络、移动网络、网络拓扑、路由、数据传输、网络编码、安全、移动计算、负载均衡、传输协议。其中，无线传感器网络、网络拓扑等技术主题的研究热度在近10年内都呈现出了比较明显的上升趋势。从有线网络到无线网络的变化加速了无线传感器网络的成长，通过无线传感器网络可接触到比有线网络更广泛、更弹性化以及可拓展的多元应用。随着近几年无线传感器网络技术的高速发展，越来越多的无线传感器网络产品开始投入使用，如电气自动化、工业制造、导航定位等领域的无线传感装置。

9. 计算机系统

计算机系统指用于数据库管理的计算机硬软件及网络系统。计算机系统由硬件系统和软件系统组成。硬件系统是借助电、磁、光、机械等原理构成的各种物理部件的有机组合，是系统赖以工作的实体。软件系统是各种程序和文件，用于指挥全系统按指定的要求进行工作。自1946年第一台计算机诞生至今，计算机系统在各个方面都有飞跃性的发展，其影响也深入人工智能领域，为人工智能的发展提供了关键的技术支撑。

计算机系统领域研究热度较高的 10 个技术主题包括操作系统、文件系统、分布式系统、虚拟内存、存储系统、虚拟机、内存管理、高性能、容错、安全。操作系统、文件系统、容错和高性能等技术主题的研究热度上升很快，其中操作系统一直是领域内研究热度最高的技术主题。操作系统是计算机系统中底层的软件，它控制所有计算机运行的程序并管理整个计算机的资源，是计算机裸机与应用程序及用户之间的“桥梁”，因此它一直受到计算机系统领域研究者的重视。

10. 物联网

物联网是指通过信息传感器、射频识别（radio frequency identification，RFID）技术、全球定位系统、红外感应器、激光扫描器等各种装置与技术，实时采集任何需要监控、连接、互动的物体或过程，采集其声、光、热、电、力学、化学、生物、位置等信息，通过网络接入，实现物与物、物与人的泛在连接，以实现对物品和过程的智能化感知、识别和管理。20 世纪 90 年代物联网的思想被提出，21 世纪初物联网的概念被正式提出，这也标志着物联网通信时代的来临。物联网的核心是信息交互，其基本特征包括整体感知、可靠传输、智能处理 3 个方面，因此物联网在人工智能领域的应用十分广泛，其处理信息的功能发挥了至关重要的作用。

物联网领域研究热度较高的 10 个技术主题包括信噪比、资源管理、资源分配、多输入多输出、无线传感器网络、正交频分复用技术调制、信道编码、网络编码、协作通信、扩频通信，其中资源管理和无线传感器网络等技术主题近年来的研究热度上升较快。

2.2 人工智能研究热点问题

参考 2010—2020 年人工智能领域在国际顶级期刊和会议所发表的论文，从标题和摘要信息中抽取论文技术主题和所在人工智能子领域，并按照技术主题研究的论文发表数量、论文引用量和技术主题进入每个会议高引用量论文前十名的次数（该技术的领域引用特征）进行综合评测排序，以此获得人工智能领域研究热点的总榜单，评选出 2010—2020 年十大人工智能研究热点。本次评测结果显示，2010—2020 年十大人工智能研究热点分别为深度神经网络、特征抽取、图像分类、目标检测、语义分割、表示学习、生成对抗网络、语义网络、协同过滤和机器翻译。各研究热点名称、相关各项指标及其最终的 AMiner（一个科技情报挖掘和服务平台）指数结果如表 2.1 所示。

表 2.1　2010—2020 年十大人工智能研究热点

排名	热点名称	主题论文量/篇	主题论文引用量/次	顶级会议、顶级期刊引用量排名前十论文中出现次数	AMiner指数
1	深度神经网络	5405	299729	125	98.16
2	特征抽取	1747	95205	8	21.51
3	图像分类	612	50309	16	14.14
4	目标检测	472	49602	13	12.73
5	语义分割	275	27893	23	12.01
6	表示学习	711	49892	8	11.88
7	生成对抗网络	362	24536	22	11.44
8	语义网络	1192	44897	2	10.60
9	协同过滤	289	36681	12	9.98
10	机器翻译	389	23119	14	8.84

2.2.1　深度神经网络

深度神经网络是深度学习的基础，它又被称为深度前馈网络（deep feedforward network，DFN）、多层感知机（multi-layer perceptron，MLP），可理解为是有很多隐藏层的神经网络。与普通的神经网络相比，深度神经网络同样可以对复杂的线性和非线性系统建模，是一种判别模型，可使用反向传播算法进行训练，并且含有较多的层次，为学习模型提供了更高的抽象层次，从而提高了模型的性能。深度神经网络代表算法包括卷积神经网络、循环神经网络、递归神经网络等算法。深度神经网络有学习能力强、适应性好、数据驱动上限高等特点，如今被广泛应用于计算机视觉、语音识别和机器人技术等人工智能领域，在自动驾驶、癌症检测和复杂游戏等各种具体应用中都有超越人类准确率的不俗表现，且在一些领域中实现了超越人类的准确率。

深度神经网络的被引用量保持了较长时间的稳定平稳增长；深度卷积神经网络技术则于 2014 年开始获得更多引用。2010—2020 年间，有 5405 篇以深度神经网络为研究主题的论文在人工智能国际顶级会议、顶级期刊中发表，其总引用量达 299729 次，并且该研究主题在这些顶级会议、顶级期刊引用量排名前十的论文中出现过 125 次。该技术的 AMiner 指数为 98.16，位列 2010—2020 年人工智能热门研究主题之首。

2.2.2　特征抽取

特征抽取（feature extraction）是信息检索与推荐中的一项技术，专指使用计算机提取一组测量值中属于特征性信息的方法及过程，并将所抽取出的有效实体信息进行

结构化存储。目前特征抽取已引入机器学习、模式识别和图像处理中，从初始的一组测量数据开始，建立旨在提供信息和非冗余的派生值（特征），从而促进后续的学习和泛化步骤，并且在某些情况下带来更好的可解释性。深度神经网络作为目前较优的特征抽取器，其出众表现源于它能使用统计学习方法从原始感官数据中提取高层特征，在大量的数据中获得输入空间的有效表征。针对某个特定图像，通过卷积神经网络对图像进行特征抽取得到表征图像的特征，利用度量学习方法（如欧几里得距离）对图像特征进行计算、对图像距离进行排序，得到初级检索结果，再根据图像数据的上下文信息和流形结构对图像检索结果进行重排序，从而提高图像检索准确率，得到最终的检索结果。这与以前使用手动提取特征或专家设计规则的方法不同。特征抽取的方法主要是通过属性间的关系，如组合不同的属性得到新的属性，这样就改变了原来的特征空间。

2010—2020 年间，有 1747 篇以特征抽取为研究主题的论文在人工智能国际顶级会议、顶级期刊中发表，其总引用量达 95205 次，并且该主题在这些顶级会议、顶级期刊引用量排名前十的论文中出现过 8 次。该技术的 AMiner 指数为 21.51，位列 2010—2020 年人工智能热门研究主题的第二名。

2.2.3 图像分类

图像分类（image classification）是指计算机利用算法从给定的分类集合中给某个特定图像正确分配一个标签的任务，其目标是将不同的图像划分到不同的类别中，并实现最小的分类误差，较多应用于计算机视觉、信息检索与推荐领域等。图像分类是计算机视觉的基本研究问题之一，是计算机视觉的核心，也是物体检测、图像分割、物体跟踪、行为分析、人脸识别等其他高层次视觉任务的基础。目前较为流行的图像分类架构是卷积神经网络，1998 年，杨立昆等提出了 LeNet，并将其第一次用在手写数字识别任务上，取得了较好的效果。2012 年，加拿大认知心理学家和计算机科学家杰弗里·辛顿的博士生亚历克斯·克里切夫斯基（Alex Krizhevsky）在 ILSVRC（ImageNet 大规模视觉识别挑战赛）上将深度学习用于大规模图像分类中并提出了深度卷积神经网络（convolutional neural network，CNN）模型，其计算效果大幅度超越传统方法，获得了 ILSVRC 2012 冠军，该模型被称作 AlexNet。从 AlexNet 之后，涌现了一系列经典的 CNN 模型架构，如 VGGNet、GoogLeNet、ResNet 等。近期，Vision Transformer 仅使用一个标准的 Transformer Encoder，就能达到与 CNN 一样甚至更好的效果，打破了 CNN 在计算机视觉领域的统治地位。目前深度学习模型的识别能力已经超过了人眼。

2010—2020 年间，有 612 篇以图像分类为研究主题的论文在人工智能国际顶级会议、顶级期刊中发表，其总引用量达 50309 次，并且该主题在这些顶级会议、顶级期刊引用量排名前十的论文中出现过 16 次。该技术的 AMiner 指数为 14.14，位列 2010—2020 年人工智能热门研究主题第三名。

2.2.4 目标检测

目标检测（object detection）作为计算机视觉和图像处理领域的一个分支，是指利用图像处理与模式识别等领域的理论和方法，检测出数字图像和视频中存在的特定类别的目标对象，确定这些目标对象的语义类别，并标定出目标对象在图像中的位置。目标检测是目标识别的前提，具有很大的发展潜力。目标检测已经有许多有用有趣的实际应用，如人脸识别、行人检测、视觉搜索引擎、计数、航拍图像分析等。深度学习模型在图像分类任务中远超其他传统方法。很多目标检测的新方法和新应用推动了深度学习前沿的科技发展。

目标检测的方法大致可分为传统方法和基于深度学习的检测方法，基于深度学习的检测方法是目前目标检测的主流方法。基于深度学习的目标检测方法有 one-stage 和 two-stage 两种。one-stage 检测不需要单独寻找候选区域，其经典的方法是 YOLO（you only look once）和 SSD（single shot multiBox detector），速度快，但是准确性相对较低；two-stage 检测是指检测算法需要分两步完成，即先获取候选区域再进行分类与回归，如基于区域的卷积神经网络（region convolutional neural network，RCNN）系列算法，准确度较高但是速度慢。RCNN 是第一个将卷积神经网络提取的图像特征应用在目标检测中的方法，是将深度学习应用在目标检测领域的开端，是目标检测中经典的 two-stage 检测器之一。目标检测出现了 RCNN 网络、YOLO 分治网络、SSD 等多种方法。这些新技术在速度和精确度上都较先前有了很大提升。目前，计算机进行目标检测的能力在很多方面已经超越人类。例如，人工智能通过深度学习进行目标检测和识别，已经可以更准确地检测乳腺癌。

2010—2020 年间，有 472 篇以目标检测为研究主题的论文在人工智能国际顶级会议、顶级期刊中发表，其总引用量达 49602 次，并且该主题在这些顶级会议、顶级期刊引用量排名前十的论文中出现过 13 次。该技术的 AMiner 指数为 12.73，位列 2010—2020 年人工智能热门研究主题第四名。

2.2.5 语义分割

语义分割（semantic segmentation）是让计算机根据图像的语义进行分割，判断图像中哪些像素属于哪个目标。一般语义分割算法的结构可以被视作一个编码器网络与一个解码器相结合的产物。编码器通常是一个预先训练好的分类网络，解码器将编码器学习到的识别特征（低分辨率）语义投影到像素空间（高分辨率）上，得到密集的分类。近年来，许多语义分割问题正在采用深度学习技术来解决，最常见的是卷积神经网络，其在精确度和效率上远远超过了其他方法。RCNN 基于深度神经网络根据目标检测结果进行语义分割；全卷积网络（fully convolutional network，FCN）将传统卷积网络后面的全连接层换成卷积层，这样网络输出不再是类别而是热图（heatmap），同时为了解决卷积和池化对图像尺寸的影响，其使用上采样方式进行恢复。目前语义分割的应用领域主要有地理信息系统、无人车驾驶、医疗影像分析和机器人等。

2010—2020 年间，有 275 篇以语义分割为研究主题的论文在人工智能国际顶级会议、顶级期刊中发表，其总引用量达 27893 次，并且该主题在这些顶级会议、顶级期刊引用量排名前十的论文中出现过 23 次。该技术的 AMiner 指数为 12.01，位列 2010—2020 年人工智能热门研究主题第五名。

2.2.6 表示学习

表示学习（representation learning）是指将原始数据转换成能够被机器学习的一种深度学习技术。表示学习能够从复杂的原始数据中提炼有效特征，剔除无效或者冗余的信息，形成可用的数据表示。从表示学习的意义可以看出，很多无监督学习和深度学习算法都可以纳入表示学习的范畴。在知识表示学习中，词嵌入（word embedding）是自然语言处理的重要突破之一，它可以将词表示为实数域向量，进而为机器学习和深度学习提供模型训练的基础。近些年，很多专家和学者利用词嵌入的表示学习原理进行相关领域的研究，其主要的表示方法包括 word2vec、one-hot、词共现等。另外一种代表性的表示学习方法是自编码器，它是一种能够通过无监督学习实现输入数据高效表示的人工神经网络。输入数据的这一高效表示称为编码，其维度一般远小于输入数据，这使自编码器（autoencoder，AE）可用于降维。更重要的是，自编码器可作为强大的特征检测器，应用于深度神经网络的预训练。表示学习可以显著提升计算效率、有效缓解数据稀疏并可实现异质信息融合，具有广泛的应用前景和巨大的研究价值，已经成为当下人工智能技术应用的基础，为机器学习提供了高效的表示能力。

2010—2020 年间，有 711 篇以表示学习为研究主题的论文在人工智能国际顶级会议、顶级期刊中发表，其总引用量达 49892 次，并且该主题在这些顶级会议、顶级期刊引用量排名前十的论文中出现过 8 次。该技术的 AMiner 指数为 11.88，位列 2010—2020 年人工智能热门研究主题第六名。

2.2.7 生成对抗网络

生成对抗网络（generative adversarial network，GAN）是用于无监督学习的机器学习模型，由伊恩·古德费洛（Ian Goodfellow）等在 2014 年提出。GAN 模型中包含生成器和判别器两个模块，其本质是通过两者之间的互相竞争机制组成的一种学习框架。在 GAN 模型中，生成器负责生成新的数据，而判别器负责判断这个数据的真假，它的训练过程就是生成器和判别器不断对弈的过程，最终使生成器模拟出判别器无法分辨的与真实的数据不同的数据，其基本框架如图 2.7 所示。GAN 功能强大，学习性质是无监督的，也不需要标记数据。传统的生成模型最早要追溯到 20 世纪 80 年代的 RBM（restricted Boltzmann machine，受限玻耳兹曼机），以及后来逐渐使用深度神经网络进行包装的自编码器，然后就是现在的生成模型 GAN。GAN 具有大量的实际应用，如图像生成、艺术品生成、音乐生成和视频生成。此外，它还可以提高图像质量，并且完成图像风格化或着色、面部生成以及其他有趣的任务。

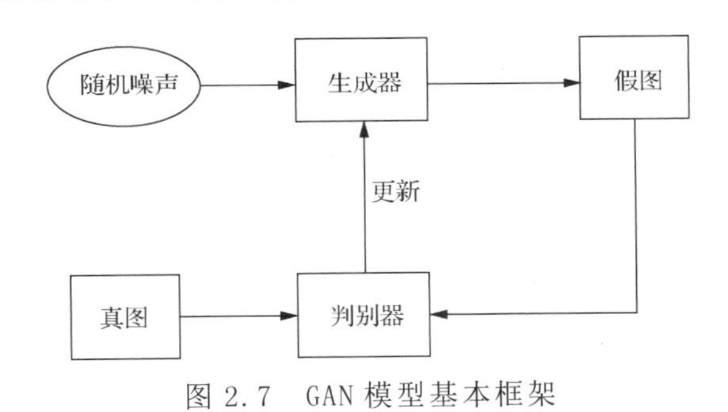

图 2.7　GAN 模型基本框架

2010—2020 年间，在人工智能国际顶级会议、顶级期刊中有 362 篇以生成对抗网络为研究主题的论文发表，其总引用量达 24536 次，并且该主题在这些顶级会议和顶级期刊引用量排名前十的论文中出现过 22 次。该技术的 AMiner 指数为 11.44，位列 2010—2020 年人工智能热门研究主题第七名。

2.2.8 语义网络

语义网络（semantic network）是以网络格式表达人类知识构造形式，是人工智能程序运用的表示方式之一，相关研究主要集中在信息检索与推荐、知识工程领域。它是一种知识的结构化图解表示，由节点和弧线组成，其中节点用于表示实体、概念和情况等，节点之间的弧线用于表示节点之间的关系，并且每一个节点和弧线都必须有标识，用来说明它们所表达的含义。语义网络是一种面向语义的结构，它们一般使用一组推理规则，规则是为了正确处理出现在网络中的特种弧而专门设计的。语义网络可以深层次地表示知识，包括实体结构、层次及实体间的因果关系，无推理规律可循，知识表达的自然性可以直接从语言语句强化而来。语义网络可以表示实例关系、分类关系、成员关系、属性关系、包含关系、时间关系、位置关系等，是一个二元关系网络。如果想要表示的知识或事实是多元关系，则可以转换为一组二元关系，再用语义网络表示。语义网络可以用联想的方式实现对系统的解释，其概念便于受访和学习，表现的问题较为直观、易于理解。但是，语义网络并不太适合用于逻辑推理，并且其知识存储和检索的方式相对复杂、烦琐。

2010—2020 年间，在人工智能国际顶级会议、顶级期刊中有 1192 篇以语义网络为研究主题的论文发表，总引用量达 44897 次，并且该主题在这些顶级会议、顶级期刊引用量排名前十的论文中出现过 2 次。该技术的 AMiner 指数为 10.60，位列 2010—2020 年人工智能热门研究主题第八名。

2.2.9 协同过滤

协同过滤（collaborative filtering）是推荐系统使用的一种技术，通过收集来自多个用户的偏好、兴趣、评价标准等用户行为数据来过滤信息，并自动预测（过滤）用户兴趣，为用户提供有针对性的推荐及其所需信息。大多数协同过滤系统都应用基于相似度索引的技术。协同过滤是解决信息超载问题的一个有效办法。无论是基于用户-用户的协同过滤还是项目-项目的协同过滤，都有效地提高了用户信息的使用效率。协同过滤一般分为以下几个步骤：收集用户偏好，找到相似的用户或商品，计算并推荐。收集用户偏好指的是收集用户的历史行为数据，如用户的购买历史、关注、收藏行为，或者发表了某些评论、给某个商品打了多少分等，这些都可以作为数据供推荐算法使用，服务于推荐算法。计算用户间或商品间的相似度以找到相似的用户或商品，通常使用欧几里得距离、皮尔逊相关系数和余弦（cosine）相似度等度量方式。最终进行计算，向用户推荐其可能感兴趣的商品。推荐的方法分为基于用户的协同过滤和基于物品的协同过滤，分别从相似的用户和相似的商品为切入点对用户进行推荐。

2010—2020 年间，在人工智能国际顶级会议、顶级期刊中有 289 篇以协同过滤为研究主题的论文发表，其总引用量达 36681 次，并且该主题在这些顶级会议、顶级期刊引用量排名前十的论文中出现过 12 次。该技术的 AMiner 指数为 9.98，位列 2010—2020 年人工智能热门研究主题第九名。

2.2.10 机器翻译

机器翻译（machine translation），又称为自动翻译，是利用计算机把一种自然语言翻译为另一种目标自然语言的过程，通常指自然语言之间句子和全文的翻译。它是自然语言处理的一个分支，与计算语言学（computational linguistics）、自然语言理解（natural language understanding）之间存在密不可分的关系。机器翻译是人工智能的终极目标之一，其核心语言理解和语言生成是自然语言处理的两大基本问题。近年来，随着深度学习技术的发展，神经机器翻译取得了巨大进展，生成的译文接近自然语句，成为主流语言学习模型。

机器翻译是一个历史比较悠久的人工智能研究主题，它的发展至今已经经历了3个重要的阶段。最早的机器翻译是基于规则的机器翻译，即对输入进行词性分析，再到词典库中查询，最终调整语序后输出。这种方法简单、快捷，但经常会翻译得不准确。后来人们提出了基于统计的方法，通过对大量的平行语料进行统计、分析，构建统计翻译模型，进而使用此模型进行翻译。其核心问题在于要建立准确的概率模型，这也是存在不少困难的。最终一些基于神经网络的机器翻译方法被提出，其通过学习大量成对的语料，让神经网络自己学习语言的特征，找到输入与输出之间的关系。这类方法是端到端的，省去了很多人为的操作，并有较高的准确性。

2010—2020 年间，在人工智能国际顶级会议、顶级期刊中有 389 篇以机器翻译为研究主题的论文发表，其总引用量达 23119 次，并且该主题在这些顶级会议、顶级期刊引用量排名前十的论文中出现过 14 次。该技术的 AMiner 指数为 8.84，位列 2010—2020 年人工智能热门研究主题第十名。

总之，人工智能具有多学科综合、高度复杂的特征。我们必须加强研判，统筹谋划，协同创新，稳步推进，把增强原创能力作为重点，以关键核心技术为主攻方向，夯实新一代人工智能发展的基础。我们要加强基础理论研究，支持科学家勇闯人工智能科技前沿的“无人区”，努力在人工智能发展方向和理论、方法、工具、系统等方面取得变革性、颠覆性突破，确保我国在人工智能这个重要领域的理论研究走在世界前列、关键核心技术占领制高点。

第 3 章
人工智能的基本算法

人工智能的基本算法是人工智能领域的核心内容之一。它是指在计算机上实现人工智能的基本算法，包括搜索、推理、学习、规划、决策等算法。这些算法是人工智能应用的基础，也是人工智能研究的重要内容。那么，人工智能的基本算法究竟有哪几类？这些算法是怎么发展起来的？各自的特点和应用范畴分别是什么？本章将围绕这些问题来阐述人工智能几大类基本算法的内涵及其中的关键技术细节。

3.1 自编码器

自编码器（也称“自助编码器”，本书统一采用“自编码器”）是通过无监督的方式来学习一组数据的有效编码表示。它由两部分构成：编码器和解码器。编码器将一组 D 维的样本 $\boldsymbol{x}_n \in \mathbf{R}^D$，$1 \leqslant n \leqslant N$ 作为输入，映射到隐藏层，得到对应 M 维样本的编码 $\boldsymbol{z}_n \in \mathbf{R}^M$，即构造映射 $f: \mathbf{R}^D \rightarrow \mathbf{R}^M$。解码器利用经过隐藏层编码后的样本 $\boldsymbol{z}_n$ 重构出原样本 $\boldsymbol{x}_n'$，即构造映射 $g: \mathbf{R}^M \rightarrow \mathbf{R}^D$。那么自编码器的目标函数表示为

$$L = \sum_{n=1}^{N} \left\| \boldsymbol{x}_n - g(f(\boldsymbol{x}_n)) \right\|^2 = \sum_{n=1}^{N} \left\| \boldsymbol{x}_n - f \circ g(\boldsymbol{x}_n) \right\|^2 \tag{3-1}$$

由于使用自编码器是为了得到更有效的数据表示，因此在其训练结束后，只保留编码器。最简单的两层网络结构的自编码器如图 3.1 所示。

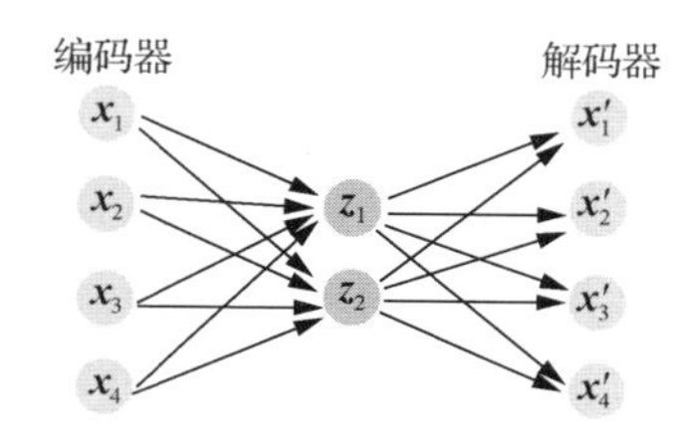

图 3.1　两层网络结构的自编码器

（1）稀疏自编码器

若中间隐藏层 $z_n \in \mathbf{R}^M$ 的维度 M 大于输入样本 $x_n \in \mathbf{R}^D$ 的维度 D，并且要求 z_n 尽量稀疏，则称该编码器为稀疏自编码器（sparse autoencoder，SAE）。其优点是有很高的可解释性，并同时进行了隐式的特征选择。

通过给自编码器中隐藏层单元 z_n 加上稀疏性限制，SAE 就可以学习到样本数据中一些有用的结构。对于给定的一组 D 维的样本 $x_n \in \mathbf{R}^D$，$1 \leqslant n \leqslant N$，SAE 的目标函数表示为

$$L = \sum_{n=1}^{N} \|\boldsymbol{x}_n - \boldsymbol{x}'_n\|^2 + \eta\rho(\boldsymbol{Z}) + \lambda\|\boldsymbol{W}\|^2 \qquad (3\text{-}2)$$

其中，$\boldsymbol{Z}=[z_1,\cdots,z_N]$表示所有样本的编码，$\rho(\boldsymbol{Z})$表示稀疏性度量函数，$\boldsymbol{W}$ 表示自编码器中的网络参数。

（2）变分自编码器

变分自编码器（variational autoencoder，VAE）是由迪德里克·P.金马（Diederik P.Kingma）等于 2013 年提出的。图 3.2 所示为 VAE 的模型图，其中观测变量 $\boldsymbol{x}$ 是高维空间 $\boldsymbol{X}$ 中的随机向量，隐变量 $\boldsymbol{z}$ 是相对低维空间 $\boldsymbol{Z}$ 中的随机向量，且 $\boldsymbol{x}$ 由隐变量 $\boldsymbol{z}$ 生成。

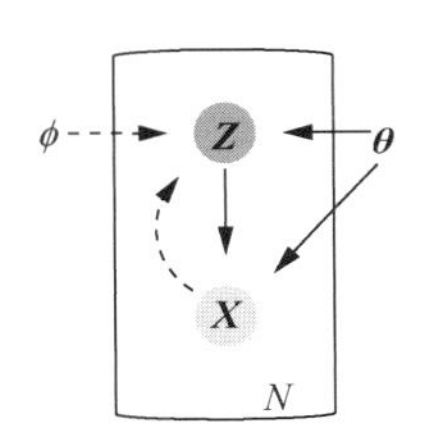

图 3.2 VAE 的模型图

这个生成模型的联合概率密度函数可以分解为

$$p(\boldsymbol{x},\boldsymbol{z};\theta) = p(\boldsymbol{x}\mid\boldsymbol{z};\theta)p(\boldsymbol{z};\theta) \qquad (3\text{-}3)$$

其中，$p(\boldsymbol{z};\theta)$表示隐变量 $\boldsymbol{z}$ 先验分布的概率密度函数，$p(\boldsymbol{x}\mid\boldsymbol{z};\theta)$表示已知 $\boldsymbol{z}$ 时观测变量 $\boldsymbol{x}$ 的条件概率密度函数，θ是两个密度函数的参数。

（3）图自编码器

自托马斯·基普夫（Thomas Kipf）等提出基于图的变分自编码器（variational graph auto encoder，VGAE）开始，图自编码器（graph auto encoder，GAE）凭借其简洁的编码器-解码器结构和高效的编码能力，在很多领域都派上了用场。GAE 中的编码器采用图卷积网络来得到节点的潜在表示，这个过程表示为

$$\boldsymbol{Z}=\mathrm{GCN}(\boldsymbol{X},\boldsymbol{A}) \qquad (3\text{-}4)$$

其中，$\mathrm{GCN}(\boldsymbol{X},\boldsymbol{A}) = \widetilde{\boldsymbol{A}}\mathrm{ReLU}(\widetilde{\boldsymbol{A}}\boldsymbol{X}\boldsymbol{W}_0)\boldsymbol{W}_1$，$\widetilde{\boldsymbol{A}} = \boldsymbol{D}^{-\frac{1}{2}}\boldsymbol{A}\boldsymbol{D}^{-\frac{1}{2}}$，$\boldsymbol{W}_0$ 与 $\boldsymbol{W}_1$ 表示待学习的参数。GAE 中的解码器采用内积形式来重构原始图（见图 3.3），这个过程表示为

$$\hat{A}=\sigma(ZZ^{\mathrm{T}}) \tag{3-5}$$

其中，$\hat{A}$为重构出来的邻接矩阵。

GAE 在训练过程中采用交叉熵作为损失函数，则

$$L=-\frac{1}{N}\sum y\log\hat{y}+(1-y)\log(1-\hat{y}) \tag{3-6}$$

式（3-6）中，y 表示 A 中某个元素的值（0 或 1），$\hat{y}$ 表示 $\hat{A}$ 中相应元素的值（0～1）。损失函数的目的是使重构的邻接矩阵与原始矩阵近似，趋于相同。

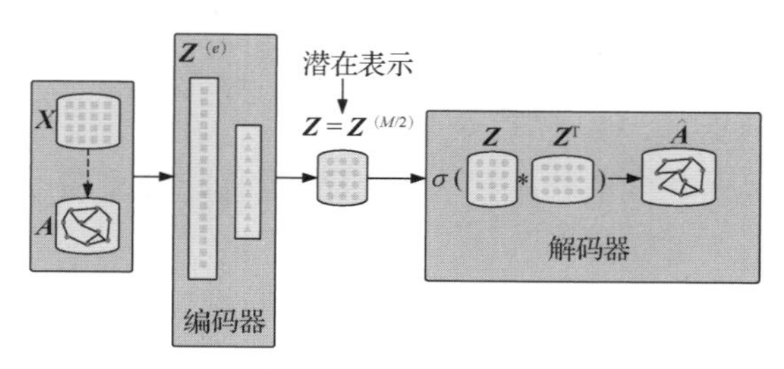

图 3.3　GAE 流程图

由上述公式可以看出，可训练的参数只有 W_0 和 W_1，故而 GAE 的原理简明、清晰，训练简单。相比于 AE，GAE 的特点体现在：① GAE 在编码过程中使用了一个 $n\times n$ 的卷积核；② GAE 没有数据解码部分；③ GAE 可以像 AE 那样用来生成隐向量，也可以用来做链路预测。

如今，数据可视化中的数据降噪及降维被认为是自编码器的两个主要实际应用。使用适当的维度和稀疏性约束，自编码器可以得到比 PCA 或其他类似技术更好的数据映射。

3.2　DBN 生成模型

1. 贝叶斯网络

贝叶斯网络是一种概率图模型，用于模拟因果关系的不确定性，是目前推理和不确定知识表达领域有效的理论模型之一。

简单贝叶斯网络的网络结构是一个有向无环图，如图 3.4 所示。图 3.4 中的节点表示随机变量$\{x_1,x_2,\cdots,x_7\}$，节点间的有向边表示节点间的相互关系，方向由父节点指向子节点，权值（连接强度）以条件概率表示，没有父节点的以先验概率进行信息表达。将随机变量根据是否条件独立绘制在一个有向图中，就形成了贝叶斯网络。其主要用来描述随机变量之间的条件依赖（见图 3.5），用圆圈表示随机变量，用箭头表示条件依赖。

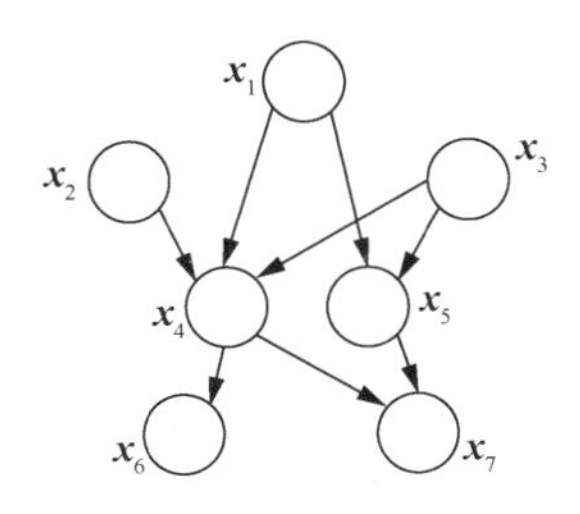

图 3.4　简单贝叶斯网络的网络结构

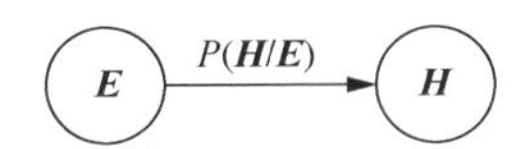

图 3.5　随机变量的条件依赖

此外，如图 3.5 所示，对于任意的随机变量，其联合概率分布可由各自的局部条件概率分布相乘得出。

$$P(\boldsymbol{x}_1,\cdots,\boldsymbol{x}_k)=P(\boldsymbol{x}_k|\ \boldsymbol{x}_1,\cdots,\boldsymbol{x}_{k-1})\cdots P(\boldsymbol{x}_2|\ \boldsymbol{x}_1)P(\boldsymbol{x}_1) \tag{3-7}$$

2. 深度置信网络

多层受限玻耳兹曼机堆叠而成的深度置信网络（deep belief network，DBN）的提出，引发了机器学习的新浪潮——深度学习。深度置信网络同时也给出了深层网络中梯度消失问题的解决方案，即逐层贪婪训练算法，每次仅训练网络中的一层。

受限玻耳兹曼机模型是一个具有对称连接、双向传播且无自反馈的两层随机神经网络模型，如图 3.6 所示。其中，第一层是可见层，用 $\boldsymbol{v}=[\boldsymbol{v}_1,\boldsymbol{v}_2,\cdots,\boldsymbol{v}_n]^{\mathrm{T}}$ 表示，作为数据输入层；第二层是隐藏层，用 $\boldsymbol{h}=[\boldsymbol{h}_1,\boldsymbol{h}_2,\cdots,\boldsymbol{h}_m]^{\mathrm{T}}$ 表示，作为特征检测器，用于提取数据中的特征。RBM 的联合随机变量满足 $(\boldsymbol{v},\boldsymbol{h})\in\{0,1\}^{m+n}$。

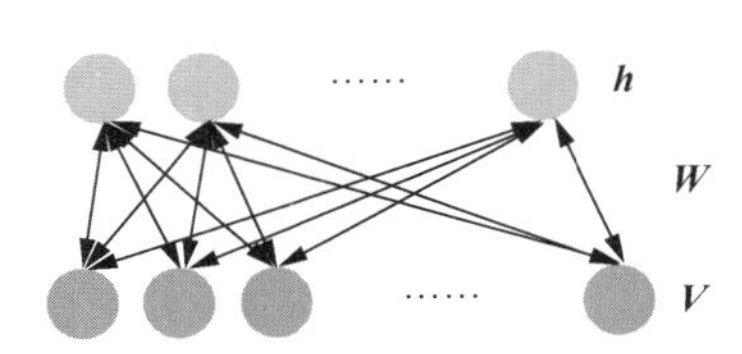

图 3.6　受限玻耳兹曼机模型的结构示意图

根据哈默斯利-克里福德（Hammersley-Clifford）原理和受限玻耳兹曼机极大团构造（只包含单点团和两点团），标准受限玻耳兹曼机的能量函数可以定义为

$$E(\boldsymbol{v},\boldsymbol{h})=-\sum_i \boldsymbol{a}_i\boldsymbol{v}_i-\sum_j \boldsymbol{b}_j\boldsymbol{h}_j-\sum_i\sum_j \boldsymbol{v}_i\boldsymbol{w}_{ij}\boldsymbol{h}_j=-\boldsymbol{a}^{\mathrm{T}}\boldsymbol{v}-\boldsymbol{b}^{\mathrm{T}}\boldsymbol{h}-\boldsymbol{v}^{\mathrm{T}}\boldsymbol{W}\boldsymbol{h} \tag{3-8}$$

其中，$\boldsymbol{a}_i$ 表示可见层中每个变量 $\boldsymbol{v}_i$ 的偏置，$\boldsymbol{b}_j$ 表示隐藏层中每个变量 $\boldsymbol{h}_j$ 的偏置，$\boldsymbol{w}_{ij}$ 表示第 i 个可见变量和第 j 个隐藏变量之间的连接权重。基于能量函数，可以得到受限玻耳兹曼机的联合概率分布函数 $p(\boldsymbol{v},\boldsymbol{h})$ 为

$$p(\boldsymbol{v},\boldsymbol{h})=\frac{1}{\boldsymbol{Z}}\exp(-E(\boldsymbol{v},\boldsymbol{h}))=\frac{1}{\boldsymbol{Z}}\exp(\boldsymbol{a}^{\mathrm{T}}\boldsymbol{v})\exp(\boldsymbol{b}^{\mathrm{T}}\boldsymbol{h})\exp(\boldsymbol{v}^{\mathrm{T}}\boldsymbol{W}\boldsymbol{h}) \tag{3-9}$$

其中，$\boldsymbol{Z}=\sum_{\boldsymbol{v},\boldsymbol{h}}\exp(-E(\boldsymbol{v},\boldsymbol{h}))$ 为总体归一化处理的配分函数。

如图 3.7 所示，深度置信网络是由 RBM 层层堆叠构成的，可见层与隐藏层交替出

现，上一层 RBM 的输出向量作为下一层 RBM 的输入向量，最终形成了一个抽象并能代表输入数据的特征向量。

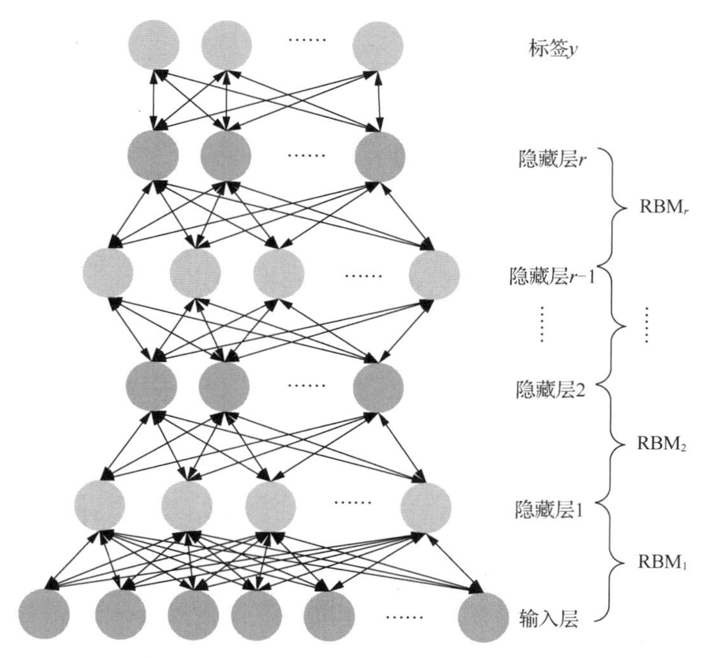

图 3.7　深度置信网络的结构示意图

深度置信网络的训练过程具体如下。

（1）逐层预训练。如图 3.8 所示，自输入层开始，每两层相邻的节点构成一个 RBM。首先以 CDK 算法训练第一个 RBM，得到第一个 RBM 的参数；然后保持其参数不动，将其输出作为下一个 RBM 的输入，训练第二个 RBM，自下而上，依次训练每一层的 RBM，直至所有的 RBM 训练完成，得到深度置信网络的参数初始值。

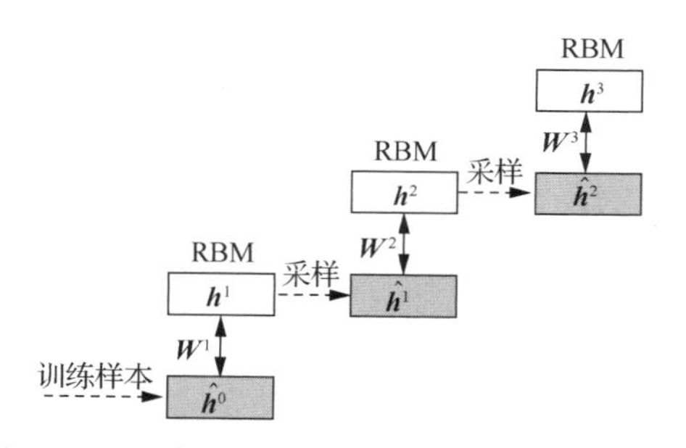

图 3.8　深度置信网络的逐层预训练示意图

（2）精调。深度置信网络一般采用 Contrastive Wake-Sleep 算法精调，其算法过程如下。

① Wake 阶段：认知过程，首先根据可见变量（输入数据）和向上的认知权重，

得到每一层隐藏变量的后验概率并采样，然后为了得到最大的下一层变量的后验概率，修改向下的生成权重。

② Sleep 阶段：生成过程，首先根据得到的顶层采样和向下的生成权重，依次计算每一层的后验概率并采样，然后为了得到最大的上一层变量的后验概率，修改向上的认知权重。

Wake 和 Sleep 过程交替进行，直到收敛。

3. 卷积深度置信网络

深度置信网络在处理全尺寸、高维图像时仍然很困难。卷积深度置信网络（convolutional deep belief network，CDBN）由此而生，其组成单元是卷积受限玻耳兹曼机（convolutional restricted Boltzmann machine，CRBM）。

如图 3.9 所示，CRBM 作为卷积深度置信网络的基本组成单元，是 RBM 和 CNN 的融合。它以卷积层代替 RBM 的全连接层，因此具有了卷积神经网络的所有特点，如权值共享。CRBM 对图像特征的提取具有局部不变性，以共享权值的方式简化运算，能够提取不同层次的图像特征，避免因网络参数过多导致的维数灾难。为了学习图像的平移不变特征，CRBM 引入池化层，使用概率最大池化技术，再次高度聚合卷积层特征，形成不变特征。

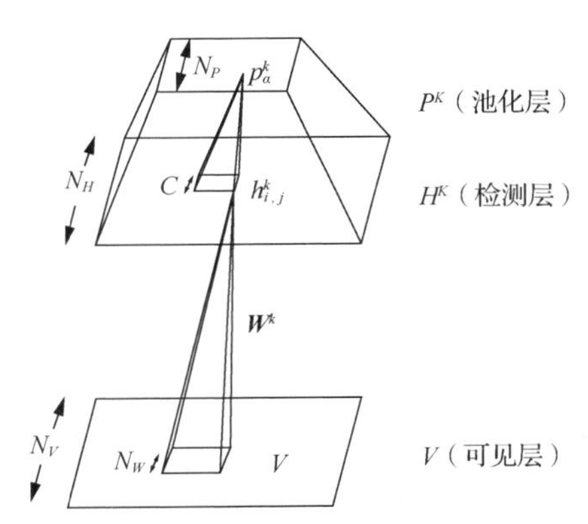

图 3.9 卷积受限玻耳兹曼机与概率最大池化的结构示意图

CRBM 有两层结构，输入层 V 和隐藏层 H（分别对应图 3.9 中的低两层），输入层是 $N_V \times N_V$ 的二元图像，隐藏层有 K 组 $N_H \times N_H$ 的二元矩阵，共 $N_H^2 K$ 个隐藏单元，每组都与一个 $N_W \times N_W$ 的滤波器相关（$N_W \triangleq N_V - N_H + 1$），且隐藏层每组单元共享一个偏置 $\boldsymbol{b}_k$，所有可见单元共享一个偏置 $\boldsymbol{c}$，$\boldsymbol{W}^k$ 为可见层与隐藏层之间的第 k 个参数矩阵。

CRBM 能量函数 $E(\boldsymbol{v},\boldsymbol{h})$ 定义如下：

$$E(\boldsymbol{v},\boldsymbol{h}) = -\sum_{l=1}^{L}\sum_{k=1}^{K}\sum_{i=1,j=1}^{N_{khN_{hw}}}(\boldsymbol{v}^l) \qquad (3\text{-}10)$$

图 3.10 给出了 CRBM 池化时的特征映射过程。一个 6×6的特征图谱在执行 2×2、

步长为 2 的池化操作后，得到一个 3×3 的池化特征图谱。池化层每个神经元状态 $\boldsymbol{p}_a$ 是从卷积层 2×2 区域 $\boldsymbol{B}_a$ 聚合得到的，若根据概率最大准则来聚合，这项操作被称为概率最大池化技术。概率最大池化迫使卷积层的待池化区域神经元 $\boldsymbol{B}_a$ 和池化后神经元的相反状态 $1-\boldsymbol{p}_a$ 构成一个 one-hot 编码。

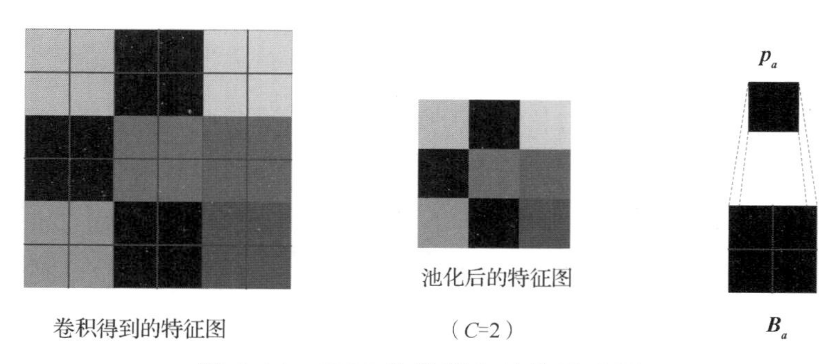

图 3.10　CRBM 的卷积和池化示意图

卷积深度置信网络是一种将 RBM 和 DCNN 融合的深度学习模型，具有无监督学习和有监督学习二者联合的优势，对高维数据能够有很强的泛化能力，仿照人脑构造从低到高逐层地学习特征，从而提取出数据光谱和空间上的联系与规律，进一步提高分类的精确度。

4. 判别深度置信网络

判别深度置信网络（discriminant deep belief network，DisDBN）将集成学习与 DBN 结合，是一种能够在无监督的情况下学习到有判别性特征的有效方法。

判别深度置信网络的结构示意图如图 3.11 所示。它由弱分类器训练和高维特征学习两部分组成：第一部分基于无监督学习的原型来训练弱分类器；第二部分构造多个弱决策空间，利用 DBN 学习所有弱分类器之间的互补信息，合成图像块的高级特征。

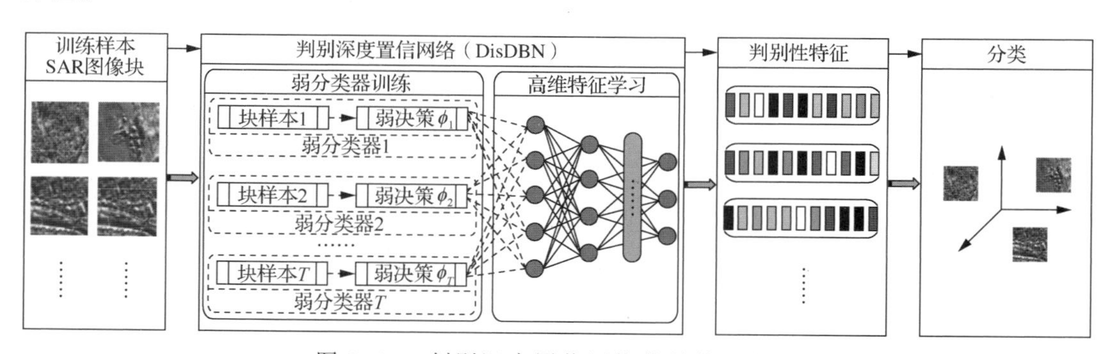

图 3.11　判别深度置信网络的结构示意图

图 3.12 所示为判别深度置信网络的分层结构图，主要包含两部分，即判别性映射和基于 DBN 的集成方法。在 DBN 中，将几个 RBM 叠加后，前一层的输出被用作后

一层的输入。在判别深度置信网络中，采用了 K 步对比散度的方法学习每个 RBM 的参数，最后将所有已学习的 RBM 分层叠加，构造 DBN。

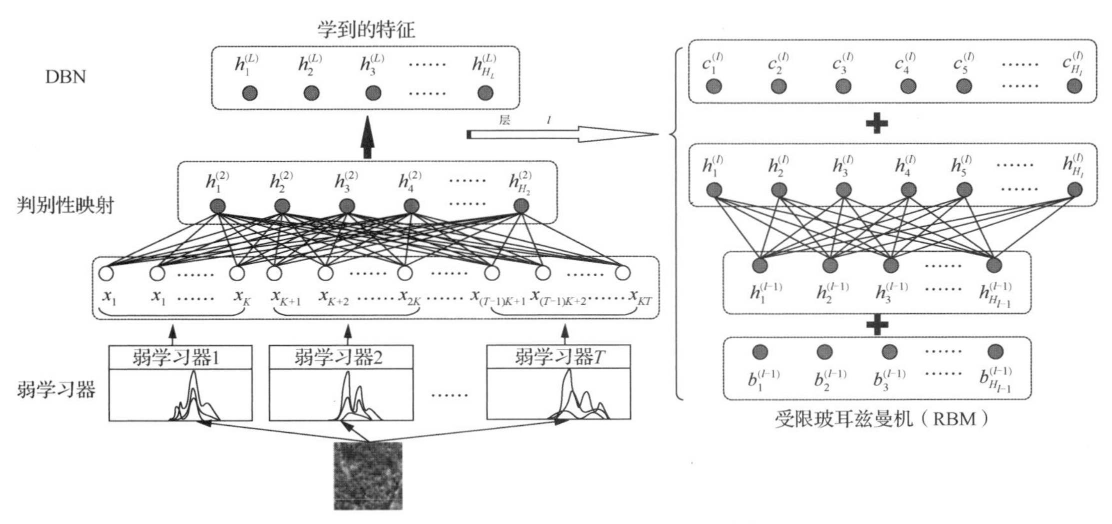

图 3.12 判别深度置信网络的分层结构图

图像 $\boldsymbol{I}$ 被分成 N 个小块，每个图像块有 p 个像素，即可将分类问题归结为寻找每个图像块像素 $\boldsymbol{p_n} \in \boldsymbol{I}$ 的标签 $c_n \in \boldsymbol{C} = \{1, 2, \cdots, c\}$，$c$ 是分类标签的数量。从图像块中，选些样本训练几个弱分类器，用于发掘图像中有判别性的信息。其具体的训练方式如下。

（1）通过基于实例或者基于聚类的方法学习一组原型（prototype）。

（2）选取原型最近邻 M/N 的无标签训练图像块、伪标记选择的图像块来丰富所有原型。

如图 3.13 所示，在训练每个弱分类器时，原型作为种子表示所选图像块的类别，原型应该具有多样性和准确性，因为这决定了每个弱分类器的识别能力。其也意味着每个弱训练器学习的原型必须尽可能完备，以表征图像块的不同特征空间。

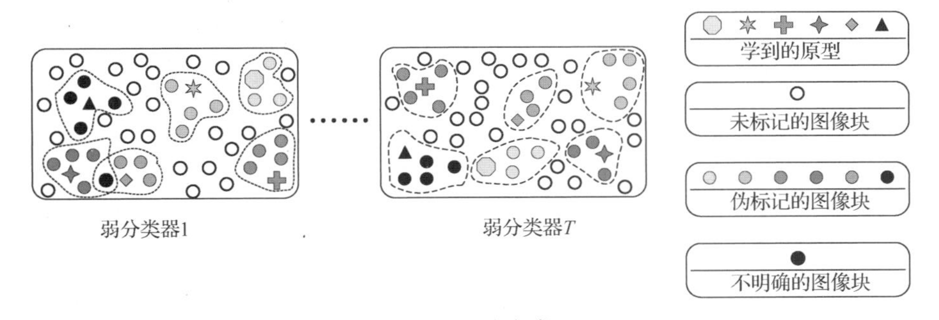

图 3.13 弱分类器

从所有伪标记的图像块中学习了弱决策函数 $\phi_t(\cdot)$，以描述第 t 个弱分类器 E_t 的判别能力。弱决策函数可以描述为图像块向量 $\boldsymbol{p}$ 相对于每个伪类别的后验概率：

$$\phi_t(\boldsymbol{p};k) \triangleq P(c=k|\ \boldsymbol{p}) \tag{3-11}$$

其中，$1 \leqslant k \leqslant K$ 表示第 k 个伪标签。

$$P(c=k|\ \boldsymbol{p}) = \frac{1}{Z}\begin{cases} \mathrm{e}^{b_{k_0}+\boldsymbol{b}_k^{\mathrm{T}}\boldsymbol{p}}, & 1 \leqslant k \leqslant K \\ 1, & k = K \end{cases} \tag{3-12}$$

其中

$$Z = 1 + \sum_{k=1}^{K-1} \mathrm{e}^{b_{k_0}+\boldsymbol{b}_k^{\mathrm{T}}\boldsymbol{p}}$$

每个弱分类器的参数 $\boldsymbol{\theta} = \left\{\boldsymbol{b}_{k_0}, \boldsymbol{b}_1^{\mathrm{T}}, \boldsymbol{b}_2^{\mathrm{T}}, \cdots, \boldsymbol{b}_{k-1}^{\mathrm{T}}\right\}$ 可以在最大似然框架内拟合。

根据学到的弱决策函数，图像块向量 $\boldsymbol{p}$ 可以通过弱分类器 E_t 的 k 维后验概率向量表示：

$$x^{(t)} = \phi_t(\boldsymbol{p}) = \left(x_1^{(t)}, x_2^{(t)}, \cdots, x_K^{(t)}\right) \in \mathbf{R}^K \tag{3-13}$$

其中，$x_k^{(t)} = \phi_t(\boldsymbol{p};k)$，因此具有判别性的特征。

$$\boldsymbol{x} = \left(x_1, x_2, \cdots, x_W\right) \in \mathbf{R}^W \quad \text{s.t.} \quad W=K\times T \tag{3-14}$$

在很多情况下，没有任何关于弱分类器的索引信息，可以被用作基本的操作单元。

很多情况下，DBN 是作为无监督学习框架来使用的。它的应用范围较广，扩展性也强，可应用于机器学习之手写字识别、语音识别和图像处理等领域，且在语音识别中取得了很好的效果。

3.3 浅层卷积神经网络

1. 卷积神经网络简介

卷积神经网络作为深度学习的代表算法，是一类包含卷积计算，同时具有深度结构的前馈神经网络（feedforward neural network）。卷积神经网络具有很强的表征学习（representation learning）能力，其能够对输入信息进行有效的平移不变分类（shift-invariant classification）。因此，卷积神经网络也被称为“平移不变人工神经网络”（shift-invariant artificial neural network，SIANN）。

依据生物的视知觉（visual perception）机制构建出的卷积神经网络，在人工智能领域中大放异彩，可以进行有监督学习和无监督学习。由于计算量较小，卷积神经网络隐藏层的卷积核参数共享以及层间连接的稀疏性，CNN 可以有效地学习格点化（grid-like topology）特征。据此，卷积神经网络不需要对特征工程（feature engineering）有额外的要求，就可以实现稳定且有效的学习。

对于数据处理方式，卷积神经网络不需要在一开始就解析全部的训练数据，而是从一个数据扫描层开始尝试。通常情况下，这种移动是像素级的，进而来处理全部原始数据，即用扫描层在原始图像上滑过。

卷积神经网络通常包含以下几种层。

- 卷积层（convolutional layer）：卷积神经网络中的每个卷积层均由若干个卷积单元组成。

- 线性整流层（rectified linear units layer，ReLU layer）：这一层神经的激活函数（activation function）使用线性整流实现简单的神经元变化。

- 池化层（pooling layer）：由于在卷积层之后通常会出现维度很大的特征，因此，我们可以将特征分为几个区域，取其最大值或平均值，进而得到新的、维度较小的特征。

- 全连接层（fully-connected layer）：为了计算最后每一类的得分，需要将所有局部特征聚合成全局特征，这就是全连接层的作用。

卷积神经网络的一些早期优化方法如下。

- BP 算法：一种适用于多层神经元网络的学习算法，它建立在梯度下降（SGD）法的基础上。

- SGD 算法：梯度下降法是大多数机器学习及深度学习中广泛使用的一种优化方法。

- 牛顿法：一种通过求解目标函数的一阶导数为 0 时的参数，进一步求出目标函数取得最小值时的参数的方法。

（1）LeNet 简介

21 世纪，卷积神经网络得到进一步快速发展，LeNet5 被研究者提出。如图 3.14 所示，LeNet5 的架构基于如下观点：当图像的所有特征分布在整张图像上时，带有可学习参数的卷积可以作为一种有效方式，从而在多个位置上提取出相似特征。LeNet5 阐述了由于图像具有很强的空间相关性，独立像素不应该被用在第一层，因为如果使用图像中的独立像素作为不同输入特征，则不能有效利用这些相关性。

（2）AlexNet 简介

后来，一种深层卷积神经网络 AlexNet 被提出，并夺得了 2012 年 ILSVRC 冠军，其准确率远优于第二名，从而造成了很大的轰动。后面的 ILSVRC 冠军都是依据卷积神经网络进行的，且层次越来越深。

AlexNet 的特点主要有：使用非线性激活函数 ReLU；使用防止过拟合的方法 Dropout；数据扩充（data augmentation）；多 GPU 实现；LRN 归一化层的使用。

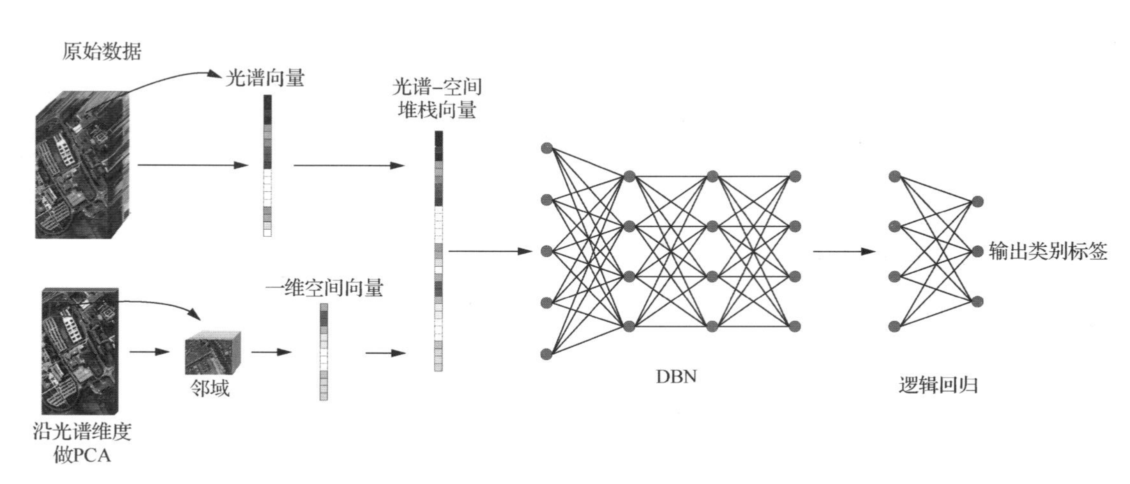

图 3.14 LeNet5 示意图

AlexNet 共有 8 层，前 5 层是卷积层，后 3 层是全连接层。最后一个全连接层的输出接入一个 Softmax 层，进而对应 1000 个类标签。AlexNet 采用了两个 GPU，网络结构由上、下两部分组成，各由一个 GPU 运行。这两个 GPU 仅在特定的层通信。举例说，第 2、第 4、第 5 层卷积层的核只与同一个 GPU 上的前一层的核特征图相连接，而第 3 层卷积层和第 2 层所有的核特征图相连接，而全连接层中的神经元又与前一层中的所有神经元相连接。图 3.15 所示为 AlexNet 示意图。

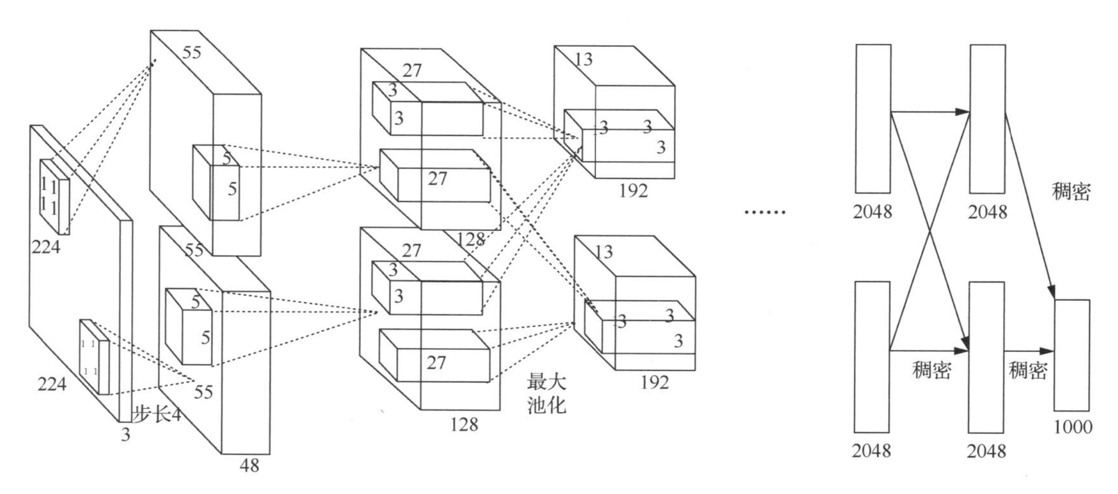

图 3.15 AlexNet 示意图

在神经网络中，激活函数常常被用于神经元的输出，从而得到一个非线性的映射。常见的激活函数公式如下：

$$\text{sigmoid:}\quad f(x)=\frac{1}{1+\mathrm{e}^{-x}}$$

$$\text{tanh:}\quad f(x)=\frac{1-\mathrm{e}^{-2x}}{1+\mathrm{e}^{-2x}} \tag{3-15}$$

$$\text{ReLU:}\quad f(x)=\max(0,x)$$

由于 tanh 和 sigmoid 等传统激活函数的值域均为有范围的，但 ReLU 激活函数所得到的映射值是没有区间的，因此可以对 ReLU 的结果进行局部响应归一化（local response normalization）。局部响应归一化的公式如下：

$$b_{(x,y)}^{i}=\frac{a_{(x,y)}^{i}}{\left\{k+a\sum_{j=\max(0,j-n/2)}^{\min(N-1,j+n/2)}[a_{(x,y)}^{i}]^{2}\right\}^{\beta}} \tag{3-16}$$

（3）ZFNet 简介

随着 AlexNet 的提出，研究人员一直在研究 CNN 表现卓越的原因，随即提出了一个全新的可视化技术 ZFNet，以便进一步“理解”神经网络中间的特征层和最后的分类层，并希望据此找到有效改进神经网络结构的方法。ZFNet 取得了 2013 年 ILSVRC 冠军。

与 AlexNet 相比，ZFNet 的区别仅仅在于：不同于 AlexNet 使用两块 GPU 的稀疏连接结构，ZFNet 是只采用一块 GPU 的稠密连接结构。同时，ZFNet 开拓性地提出特征可视化技术。通过可视化技术，可以选择更好的网络结构。

因此，将 AlexNet 的第 1 层也就是滤波器的大小，由 11×11 改变成 7×7，同时将步长 4 改变成 2，便得到 ZFNet。

2. 浅层卷积神经网络

随着卷积神经网络的进一步发展，一些简单的浅层卷积神经网络逐渐发展并被应用于自然图像领域及遥感领域。下面将以全卷积网络、UNet 和 SegNet 为例进行简单介绍。

（1）全卷积网络

在将神经网络应用到分割领域时，传统神经网络的缺点如下：一是巨大的存储开销；二是由于相邻像素块的重复性导致计算效率低下；三是像素块大小限制了感知区域的大小。为克服这些缺点，加利福尼亚大学伯克利分校的乔纳森•朗（Jonathan Long）等人提出了全卷积网络以改进传统的图像分割，即从图像级别的分类进一步延伸到像素级别的分类。

全卷积网络将传统 CNN 中的全连接层转化成一个个的卷积层。在传统的 CNN 结构中，前 5 层是卷积层，第 6 层和第 7 层分别是一个长度为 4096 的一维向量，第 8 层是长度为 1000 的一维向量，分别对应 1000 个类别的概率；全卷积网络将这 3 层表示为卷积层（见图 3.16），卷积核的大小（通道数、宽、高）分别为(4096,1,1)、(4096,1,1)、(1000,1,1)。所有的层都是卷积层，故被称为全卷积网络。

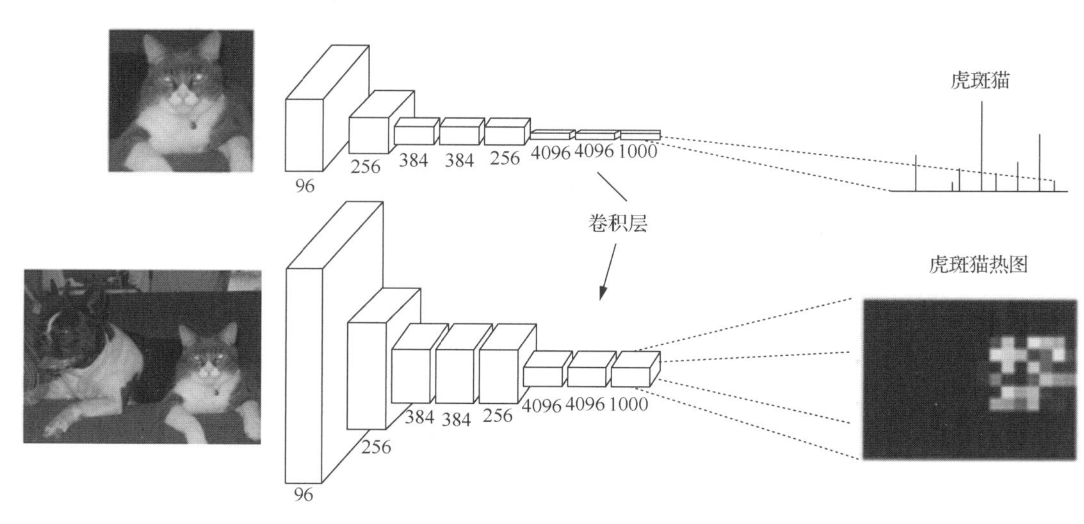

图 3.16 全卷积网络示意图

与传统的神经网络相比，全卷积网络有以下两大优点：一是全卷积网络可接受任意大小的输入；二是全卷积网络比传统网络更加高效。但是，全卷积网络也具有明显的缺点：一是全卷积网络得到的结果不够精细，对图像细节不够敏感；二是全卷积网络并没有充分考虑到像素之间的关系，忽略了空间规整（spatial regularization）步骤，即缺乏空间一致性。

（2）UNet

全卷积网络在深度学习图像分割领域可以被称为开山之作。在这个基础上，研究人员基于全卷积网络做改进，提出很多分割网络，包括 UNet。UNet 由两部分组成：第一部分，特征抽取部分，与 VGG 类似；第二部分，上采样部分。另外，由于其网络结构像 U 字形，因此被称为 UNet。

相较于全卷积网络，UNet 的改进之处有两点：其一，该网络是多尺度的；其二，该网络能更好地适应超大图像分割，如遥感领域的超大图像分割。

（3）SegNet

SegNet 是一种图像语义分割深度网络，其目的在于解决自动驾驶或者智能机器人领域的图像语义分割问题，其开放源码是基于 caffe 框架构建的。SegNet 是在全卷积网络基础上的另一种改进，它是通过修改 VGG-16 网络得到的一种语义分割网络。现行的 SegNet 有两种版本，分别为 SegNet 与 Bayesian SegNet。另外，SegNet 的开发者还根据网络的深度，为使用者提供了一个 Basic（基础）版（浅网络）。

与全卷积网络相比，SegNet 只在编码过程、解码过程中所使用的技术方面有所改变。从图 3.16 可以看出，左边利用卷积提取特征，通过池化操作来增大感受野，同时将图像变小，该过程称为编码；右边是反卷积与上采样，通过反卷积操作，图像分类后的特征得到重现，上采样操作将图像还原到原始尺寸，该过程称为解码；最后接入 Softmax 层，得到最终的分割结果图。

3. 变革性突破

作为卷积神经网络从浅到深过渡过程中的里程碑，VGG 具有不可忽略的作用，其网络深度是先前的卷积神经网络不能达到的。下面将对 VGG 和 GoogLeNet 进行简单介绍。

（1）VGG

VGG 成功地构筑了 16～19 层深的卷积神经网络。VGG 可以看作一种加深版本的 AlexNet，它们都是由卷积层、全连接层这两部分构成的。通过探索卷积神经网络的深度与其性能之间的关系，VGG 成功证明了通过增加网络深度，网络最终的性能能够在一定程度上被影响，大幅降低错误率。另外，VGG 具有很好的扩展性，将其迁移到其他图像数据上时，也具备非常好的泛化性。因此，即使在神经网络被充分发展的当下，VGG 仍然可以被用来提取图像特征。

VGG 由 5 层卷积层、3 层全连接层及 Softmax 输出层构成，其层与层之间使用 max-pooling（最大池化）分开，且所有隐藏层的激活函数都采用的是 ReLU 函数，其示意图如图 3.17 所示。

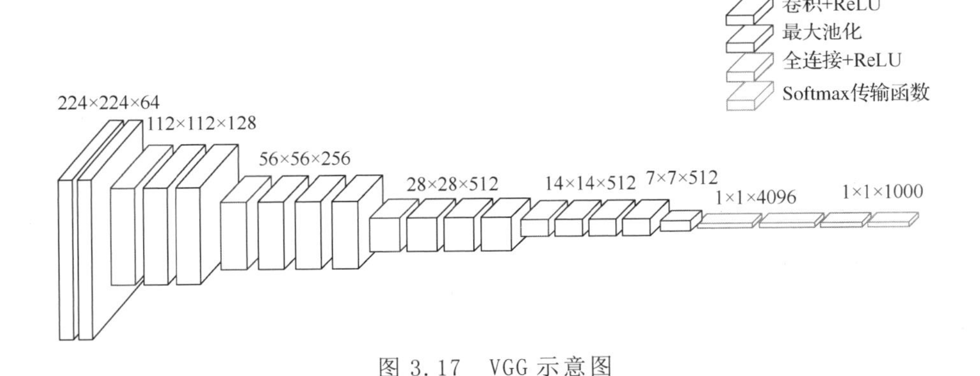

图 3.17　VGG 示意图

（2）GoogLeNet

2014 年，在 ImageNet 挑战赛（ILSVRC14）上，GoogLeNet 获得了第一名，VGG 获得了第二名，它们均具有了更深的层次。

VGG 继承了 LeNet 和 AlexNet 的一些结构，而 GoogLeNet 却做了更大胆的尝试。虽然 GoogLeNet 的深度有 22 层，但它的大小比 AlexNet 和 VGG 小很多。GoogLeNet 的参数为 500 万个，AlexNet 的参数个数是 GoogLeNet 的 12 倍，VGG 的参数个数又是 AlexNet 的 3 倍。总之，在计算资源相对不足的时期，GoogLeNet 是一种较好的选择，同时，GoogLeNet 的性能（计算结果）也更加优越。

2014—2016 年，GoogLeNet 团队发表了多篇关于 GoogLeNet 的经典论文，在这些

论文中对 Inception v1、Inception v2、Inception v3、Inception v4 等思想和技术原理进行了较为详细的介绍。这里仅给出基本简介，感兴趣的读者可上网查看完整论文。

一般情况下，可以通过增加网络深度（网络层次数量）和宽度（神经元数量）来提升网络性能，但是这导致了一些问题：参数太多，易产生过拟合；网络越大、参数越多，导致计算复杂度大，难以应用；网络深，易出现梯度弥散现象，难优化。

为解决这些问题，需要在增加网络深度、宽度的同时减少参数，将全连接变成稀疏连接。但实现时，实际计算量并不会在全连接变成稀疏连接后大幅减少，计算所需要消耗的时间很难减少。

因此，人们需要寻找一种方法，使其既能够保持网络结构的稀疏性，又可以利用密集矩阵的高计算性能。一些文献指出，将稀疏矩阵聚类为较为密集的子矩阵可以有效地提高计算性能。因此，GoogLeNet 团队开始尝试 Inception 网络结构，即构造一种“基础神经元”结构，从而实现搭建一个稀疏性，同时又是高性能的网络结构。

3.4 类残差网络

1. ResNet 与 ResNeXt

跨层连接结构的提出解决了深层网络训练困难的问题。随着跨层连接结构在特征表达上的优势逐步显现，深度学习网络的性能显著提高。

（1）ResNet

何恺明、孙剑等提出残差网络（ResNet），它解决了深层网络训练困难的问题，并在 2015 年的 ILSVRC 中获得了图像分类和物体识别的优胜。

网络的深度对模型的性能至关重要，当增加网络层数后，理论上可以取得更好的结果。然而，实验发现深度网络出现了退化问题（degradation problem）：网络深度增加时，网络准确度甚至出现下降。但如果深层网络的后面那些层是恒等映射，那么模型就退化为一个浅层网络。当前要解决的就是学习恒等映射函数了。残差网络利用残差块进行拟合，使用跳跃连接缓解了在深度神经网络中增加深度带来的梯度消失问题。残差块的结构示意图如图 3.18 所示。

深度残差网络的基本组成单元是残差单元。图 3.18 中的连接有点类似于电路中的“短路”，所以这是一种短路连接。

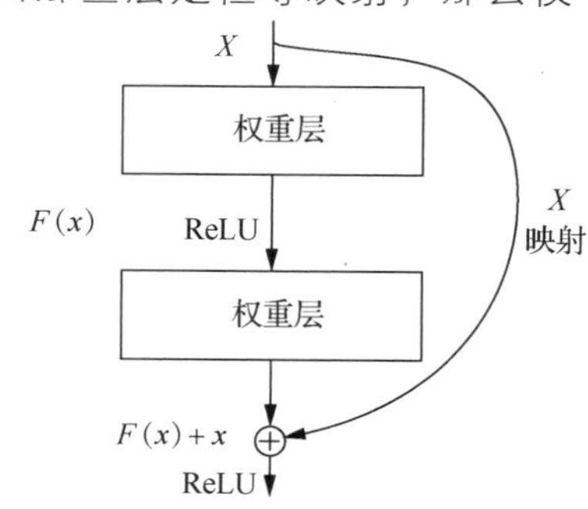

图 3.18　残差块的结构示意图

我们可以从数学的角度来分析残差块。首先残差单元可以表示为

$$y_l = h(x_l) + F(x_l; W_l)$$
$$x_{l+1} = f(y_l) \tag{3-17}$$

其中，x_l 和 x_{l+1} 分别表示第 l 个残差单元的输入和输出，注意每个残差单元一般包含多层结构；$F(x_l;W_l)$ 是残差函数，表示学习到的残差；$h(x_l) = x_l$ 表示恒等映射；f 是 ReLU 激活函数。

目前常用的残差网络是 ResNet50 和 ResNet101 等。更多细节可以参考《深度残差网络中的身份映射》(*Identity Mappings in Deep Residual Networks*)，其中对不同的残差单元做了细致的分析与实验。

（2）ResNeXt

如果说 ResNet 是 VGG 与短路连接的结合，那么 ResNeXt 可以看作 ResNet 和 Inception 的结合体。ResNet 和 ResNeXt 的结构对比如图 3.19 所示。不同于 Inception 的是，ResNeXt 不需要人工设计复杂的 Inception 结构细节，而是每一个分支都采用相同的拓扑结构。ResNeXt 的本质是分组卷积，通过变量基数来控制组的数量。分组卷积是普通卷积和深度可分离卷积的一个折中方案，是特征图均分后进行常规卷积。相比普通卷积，分组卷积减少了运算量和参数量；相比深度可分离卷积，分组卷积能隔绝不同组的信息交换。

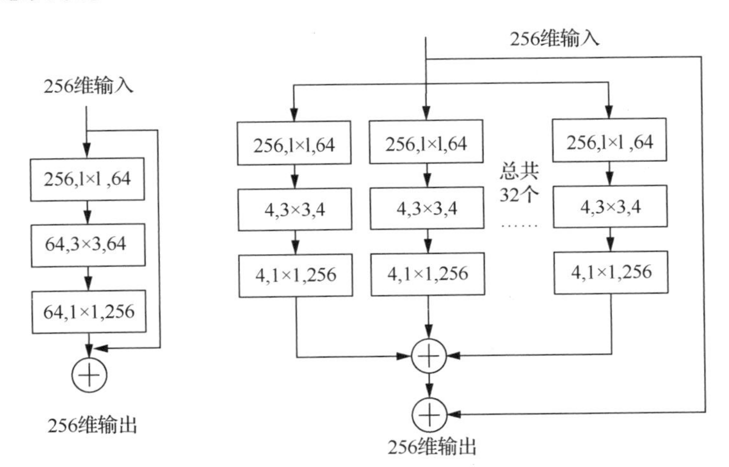

（a）ResNet 的基本结构　　（b）ResNeXt 的基本结构

图 3.19　ResNet 和 ResNeXt 的结构对比

2. DenseNet 与 DPN

（1）DenseNet

ResNet 模型的核心是通过建立前面层与后面层之间的“短路连接”实现的，这样有助于训练过程中梯度的反向传播。DenseNet 模型的基本思路与 ResNet 模型的基本思路一致，但是它建立的是前面所有层与后面层的密集连接，它的名称也是由此而来

的。DenseNet 的另一大特色是通过特征在通道上的连接来实现特征重用。

为了进一步优化信息流的传播，DenseNet 提出了图 3.20 所示的网络结构。

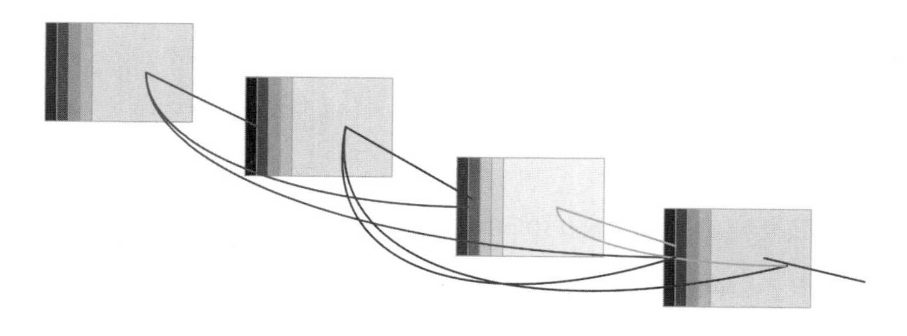

图 3.20　一个 4 层的密集块

相比 ResNet，DenseNet 提出了一个更激进的密集连接机制，即互相连接所有的层，具体来说就是每个层都会接受其前面所有层作为其额外的输入。图 3.20 即展示了 DenseNet 的密集连接机制。可以看到，在 DenseNet 中，每个层都会与前面所有层在通道维度上连接（concat）在一起（这里各个层的特征图大小是相同的），并作为下一层的输入。对于一个 L 层的网络，DenseNet 共包含 $L(L+1)/2$ 个连接，相比 ResNet，这是一种密集连接。而且 DenseNet 是直接合并来自不同层的特征图，这样可以实现特征重用，提升效率。这一特点是 DenseNet 与 ResNet 最主要的区别。

用数学公式表示 ResNet 为

$$x_l = H_l(x_{l-1}) + x_{l-1} \tag{3-18}$$

用数学公式表示 DenseNet 为

$$x_l = H_l([x_0, x_1 \cdots, x_{l-1}]) \tag{3-19}$$

其中，[]代表拼接，即将第一层到第 $l-1$ 层的所有输出特征图按照通道组合在一起。这里所用到的非线性变换 H 为 BN+ReLU+ Conv(3×3)的组合。

（2）DPN

DPN（dual path network）算法简单讲就是将 ResNet 和 DenseNet 融合成一个网络。通过上面的分析，我们可以认识到：ResNet 侧重于特征的再利用，但不善于发掘新的特征；DenseNet 侧重于新特征的发掘，但又会产生很多冗余。为了综合二者的优点，人们设计了 DPN。其数学形式如下：

$$\begin{aligned}
x^k &\triangleq \sum_{t=1}^{k-1} f_t^k(h^t) \\
y^k &\triangleq \sum_{t=1}^{k-1} v_t(h^t) = y^{k-1} + \phi^{k-1}(y^{k-1}) \\
r^k &\triangleq x^k + y^k \\
h^k &= g^k(r^k)
\end{aligned} \tag{3-20}$$

3. Inception 网络

Inception 网络是 CNN 分类器发展史上一个重要的里程碑。在 Inception 出现之前，大部分流行 CNN 仅仅是把卷积层堆叠得越来越多，使网络越来越深，以此来获得更好的性能。另外，Inception 网络是复杂的（需要大量工程工作），它使用大量技巧来提升性能，包括速度和准确率两个方面。它的不断进化带来了多种 Inception 网络版本的出现，常见的版本有 Inception v1、Inception v2、Inception v3、Inception v4 和 Inception-ResNet。其中，每个版本都是前一个版本的迭代进化。

（1）Inception v1 模型

图 3.21 所示为原模型和 Inception v1 模型，Inception 由多个这样的模型组合而成。

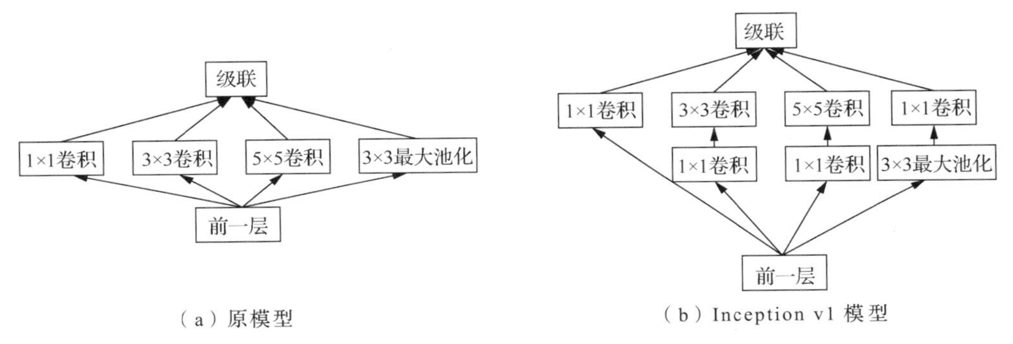

图 3.21　原模型和 Inception v1 模型

Inception v1 网络将 1×1、3×3、5×5 的卷积层和 3×3 的池化层堆叠在一起，这样，一方面增加了网络的宽度（尺度），另一方面增加了网络对尺度的适应性。但由于这样的结构会出现参数过多且计算量过大的问题，因此使用图 3.21（b）所示构造来减少计算量。

（2）Inception v2 和 Inception v3 模型

Inception v2 和 Inception v3 模型加入了 BN（batch normalization）层，使每一层的输出都规范化到一个 $N(0,1)$的高斯分布，用小型网络替代 Inception 模型中的 5×5 卷积，如图 3.22（a）所示，既降低了参数数量，也加速了计算。

同样地，为了进一步降低参数数量，人们提出了不对称（asymmetric）方式。另外，还有一个最重要的改进是分解（factorization）。如图 3.22（b）所示，将 7×7 分解成两个一维的卷积（1×7、7×1），3×3 也是这样分解（1×3、3×1）。这样做的好处是，既可以加速计算（多余的计算能力可以用来加深网络），又可以将一个卷积拆成两个卷积，使网络深度进一步增加，从而增加网络的非线性。

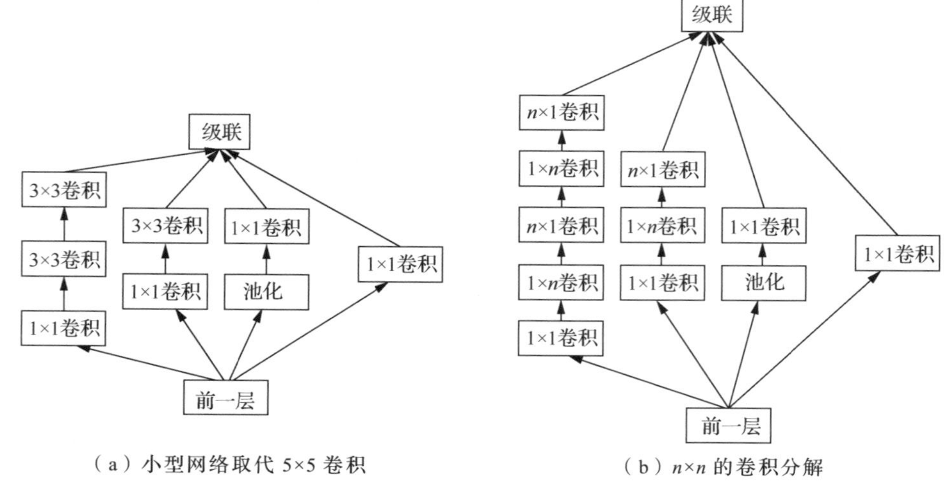

（a）小型网络取代 5×5 卷积　　（b）n×n 的卷积分解

图 3-22　Inception v2 和 Inception v3 模型

（3）Inception v4 模型

Inception v4 模型研究了 Inception 模型与残差块的结合。起初，人们发现 ResNet 的结构可以极大地加速训练，性能也有所提升，于是设计了一个 Inception-ResNet v2 网络，同时还设计了一个更深、更优化的 Inception v4 模型，能达到与 Inception-ResNet v2 相媲美的性能。

残差网络在设计之初，主要服务于卷积神经网络，在计算机视觉领域应用较多，但其思想并不局限于卷积神经网络，它可以通过给非线性的卷积层增加跨层连接结构来提高信息的传播效率。

3.5　相关的循环神经网络

深度学习中专为应对时间相关性而设计的方法是循环神经网络（RNN），还有后来出现的长短期记忆（LSTM）网络、门控循环单元（GRU）等，这样的模型通过递归明确捕获时间相关性。

循环神经网络像任何其他深度学习模型一样，可以作为分类器本身或用于提取新的判别式特征。由于它的这些特性，很多基于循环神经网络的工作也取得了很大的进展。

1．循环神经网络

循环神经网络是一种人工神经网络，其中的连接沿着序列在神经元之间产生。与前馈神经网络不同，循环神经网络包含循环单元，可以将上一个时间步中的信息反馈到下一个时间步中，这种循环连接使循环神经网络对处理时序任务十分有效。

最简单的循环神经网络称为简单的递归网络或基本循环神经网络，其结构示意图如图 3.23 所示。

基本循环神经网络易于实现且可运行简单数据集中的短数据序列。然而，如果运行复杂的长序列模式，基本循环神经网络通常会出现消失的问题或爆炸梯度。

2. LSTM

LSTM 是当今循环神经网络中使用最广泛的模型。它是一种特殊的循环神经网络，可以轻松存储大量的时间步信息，并可以缓解由基本循环神经网络等结构引起的梯度消失或爆炸的问题。

具体来说，LSTM 单元使用向量为存储单元以进行长期存储，使它能够更好地找到长期关系并实现比普通的深度循环神经网络更出色的表现。LSTM 单元的状态更新可以描述为 C_t 是 t 时刻的存储单元状态。此外，在每个时间步中，LSTM 单元决定需要哪种存储器的功能被遗忘，需要传递什么样的记忆。LSTM 基本单元结构示意图如图 3.24 所示。其中 $\sigma(\cdot)$表示对数 S 型函数，tanh (•)表示双曲正切函数。

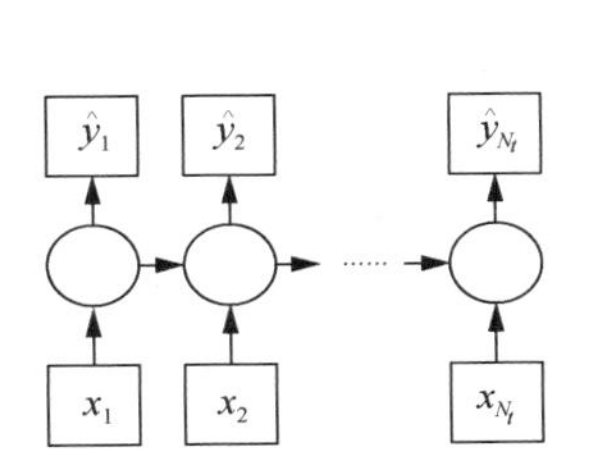

图 3.23　基本循环神经网络结构示意图

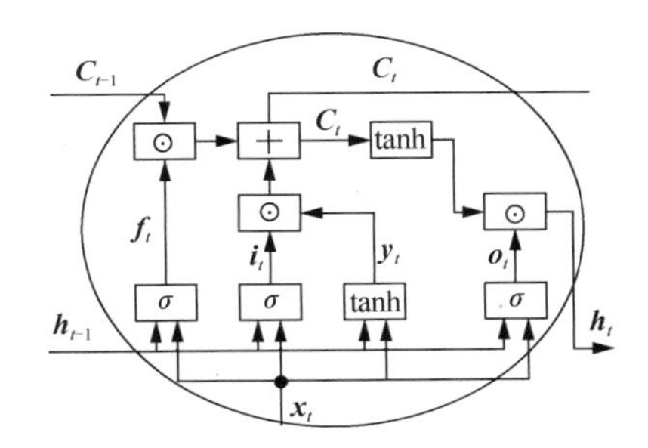

图 3.24　LSTM 基本单元结构示意图

LSTM 单元由两个单元状态——存储单元激活向量（存储器）$\boldsymbol{C}$ 和隐藏状态 $\boldsymbol{h}$，以及 3 个不同的门组成，其中 $\boldsymbol{i}$ 是输入门，$\boldsymbol{f}$ 是遗忘门，$\boldsymbol{o}$ 是输出门。

输入门、遗忘门和输出门用于控制信息流。门是由 sigmoid 函数（即 S 型函数）构成的。LSTM 单元使用临时单元状态 y_t 重新缩放当前输入。该临时单元已实现通过双曲正切函数返回值之间的-1 和 1。同时应用了 S 型函数和双曲正切函数，逐元素地规定了当前需要多少信息维护 $\boldsymbol{y}_t$，而 $\boldsymbol{f}_t$ 表示多少当前步骤需要保留以前的内存。最后，它对新的隐藏状态 $\boldsymbol{h}_t$ 的影响决定当前内存的信息量输出到下一步。不同的 $\boldsymbol{W}$ 矩阵和偏差系数 $\boldsymbol{b}$ 由训练期间学习的参数模型的内存 $\boldsymbol{C}_t$ 和隐藏状态习得。

基本循环神经网络与 LSTM 网络之间的主要区别在于循环神经网络仅更新隐藏（短期）状态 $\boldsymbol{h}_t$，而 LSTM 网络还会更新单元（长期）状态 $\boldsymbol{C}_t$，这使网络能够学习长期依赖性。LSTM 网络利用控制门来组合先前的状态，实现了两个重要功能：①调节控制在此过程中必须忘记和记住（通过）多少信息；②解决了消失/爆炸的问题渐变。

这样的单元类型在捕获长期依赖关系方面非常有效。

3. GRU

GRU 既可以看作 LSTM 网络的简化版本，也可以看作 LSTM 网络的升级版本。与 LSTM 网络相比，GRU 不保持单元状态 $\boldsymbol{C}$ 并使用 2 个门代替 3 个门。

GRU 的基本结构示意图如图 3.25 所示，核心结构为 2 个门：重置门 $\boldsymbol{r}_t$ 和更新门 $\boldsymbol{z}_t$。重置门决定了如何将新的输入信息与前面的记忆组合，其作用类似于 LSTM 网络的遗忘门和输入门。它决定什么信息扔掉以及要添加什么新信息。如果我们将重置门设置为全 1，并将更新门设置为全 0，则我们再次回到普通循环神经网络模型。

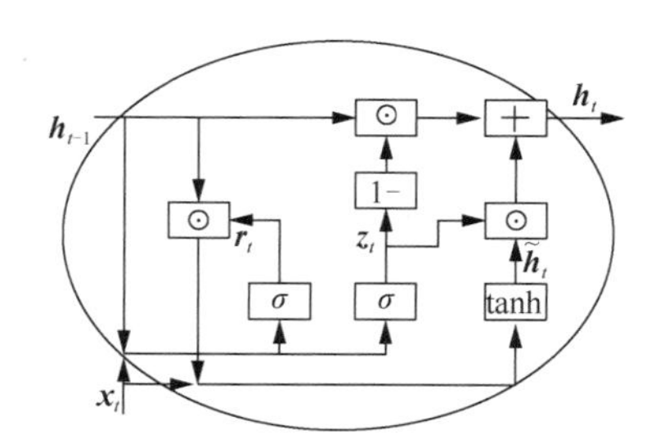

图 3.25 GRU 的基本结构示意图

概括来说，LSTM 网络和 GRU 都是通过各种门函数将重要特征保留下来，这样就保证了在 long-term 传播的时候也不会丢失。而 GRU 相对于 LSTM 网络少了一个门函数，在参数的数量上也是要少于 LSTM 网络的，所以整体上 GRU 的训练速度要快于 LSTM 网络。

4. ConvLSTM

学者施行建在《卷积 LSTM 网络：降水临近预报的机器学习方法》(*Convolutional LSTM Network: A Machine Learning Approach for Precipitation Nowcasting*)一文中提出的 ConvLSTM 结构，可以很好地捕获图像序列中的时空相关性，其结构示意图如图 3.26 所示。

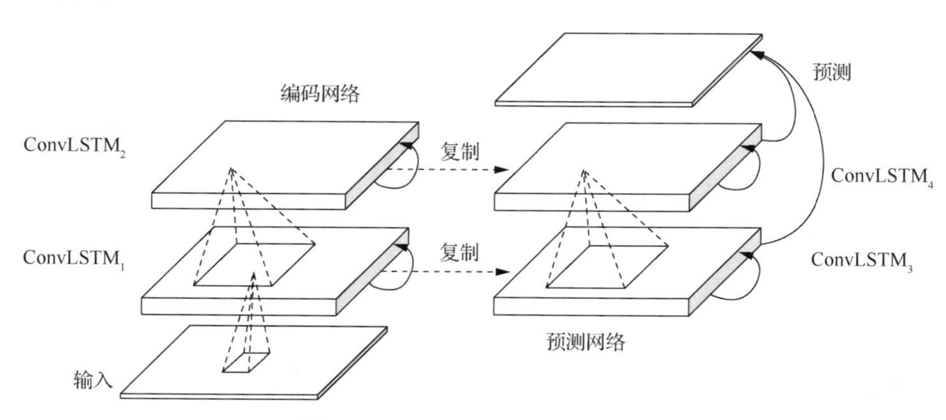

图 3.26 ConvLSTM 结构示意图

ConvLSTM 的输入为$[X_1,\cdots,X_t]$，单元输出为$[C_1,\cdots,C_t]$，隐藏状态为 $\boldsymbol{H}_1$。将其转换为 3D 张量，其最后两个维度是空间维度（行和列）。ConvLSTM 通过输入过去状态和邻域状态来确定网格中某个单元格的未来状态。

ConvLSTM 结构既能利用卷积结构提取鲁棒的空间特征，还能利用循环神经网络结构捕获时序信息，十分适合处理图像序列数据。又由于网络通常具有多个堆叠的 ConvLSTM 层，因此它具有很强的表征能力，适合在复杂的动态系统中进行预测。

5. 级联循环神经网络

大多数现有循环神经网络模型都可以视为基于向量的方法。一些工作将 HSI 视为顺序数据，因此自然使用循环神经网络（RNN）学习特征。

级联循环神经网络（Cascade RNN）模型主要由两个循环神经网络层组成，如图 3.27 所示。首先循环神经网络层着重于减少相邻光谱带的冗余信息，这些减少的信息随后进入第二个循环神经网络层以学习其互补性特征。

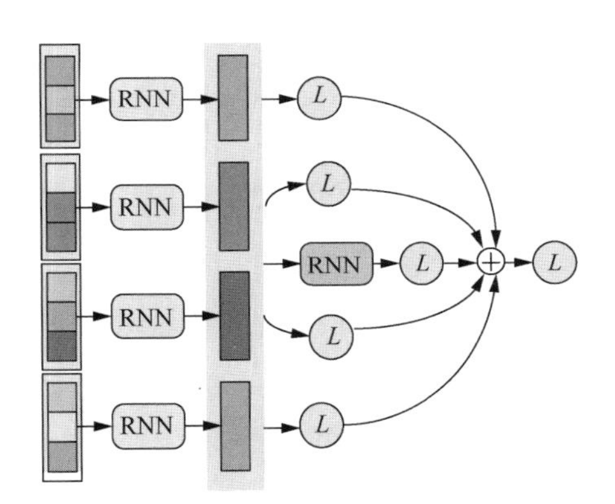

图 3.27　级联循环神经网络结构示意图

6. 双向循环神经网络

双向循环神经网络连接过去的时间步到当前时间步，还可以连接将来层和当前层，如图 3.28 所示。当前时间的图层输出表现为两个隐藏层的输出串联方向相反。这样，过去信息和未来信息会影响当前状态。如果我们使用 LSTM 双向循环神经网络中的基本单位，而不是基本循环神经网络单位，则该网络称为双向 LSTM（BiLSTM）。

为表示序列数据隐藏层的更多功能，该网络可以垂直堆叠。这种堆叠式循环神经网络也称为深度循环神经网络，如图 3.29 所示，它可以增强神经网络的功能并可从中提取高级特征复杂的数据集。

循环神经网络已经证明在语音识别、机器翻译、文本和音乐生成、情感分类、DNA 序列分析等不同领域有着广泛的用途。

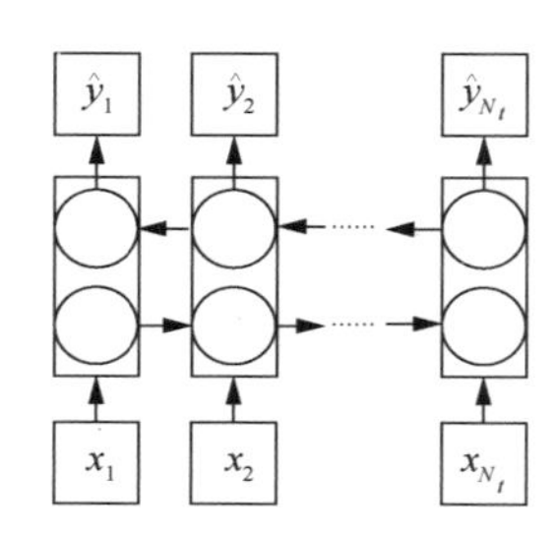

图 3.28　双向循环神经网络结构示意图

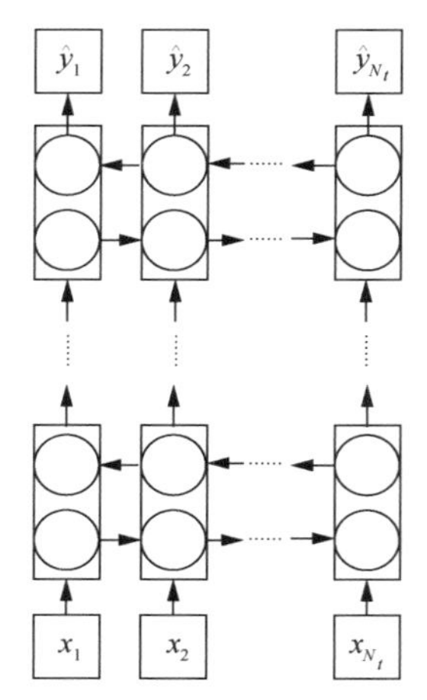

图 3.29　深度循环神经网络结构示意图

3.6　胶囊网络

现代神经解剖学对大脑的研究发现，大脑皮层中存在诸多皮层微柱，其内部不仅包含上百个神经元，更有内部分层。这表明大脑中的一层并不是单纯类似当前神经网络中的一层结构，其更复杂。受神经解剖学这一发现的启发，首先提出胶囊这一概念，继而提出全新的深度学习网络——胶囊网络，其核心思想是用胶囊代替卷积神经网络中的神经元，网络得以保存目标间的位置和空间层级关系。

胶囊网络的基本单元是胶囊，其包含一组神经元，每个神经元表示图像中存在的物体或物体局部等特定实体的不同属性，包括姿势(位置、大小、方向)、速度、形变、纹理等不同类型的实例化参数。胶囊的输出向量就是神经元的输出，其模长代表图像中某种类型的物体的存在，数值表示胶囊所代表的实体在当前输入中存在的概率。

胶囊网络的输出为向量，使得它可以使用强大的动态路由机制来确保低层胶囊的输出发送到合适的父级高层胶囊中，用相邻两层胶囊之间的耦合系数来表征其合适程度。最初，胶囊的输出被路由到所有高层胶囊，但其所有耦合系数的和为 1。受益于计算机图像学，对于每个可能的父级胶囊，低层胶囊的输出与一个权重矩阵相乘，计算一个预测向量，如果预测向量与可能的父级输出有很大的标量积，则会有自上而下的反馈增大与该父级间的耦合系数，减少与其他父级间的耦合系数，进而加强低层胶囊与父级间的标量积。

所有低层胶囊对其预测向量求和得到高层胶囊的总输入，通过 Squash 函数得到输出。如果高层胶囊输出与低层胶囊的预测之间内积较大，则存在自上而下的反馈，增大高层胶囊与低层胶囊之间的耦合系数。卷积神经网络中的最大池化机制只保留低层局部最活跃的特征检测器输出。相比之下，这种动态路由机制利用了低层所有的胶囊输出，通过自上而下的反馈，使得每个低层胶囊更多地输入合适的高层胶囊中。低层胶囊对高层胶囊预测以及自上而下反馈公式如下：

$$s_j = \sum_i c_{ij}\hat{u}_{j|i}, \quad \hat{u}_{j|i} = W_{ij}u_i \tag{3-21}$$

除了第一层胶囊层外，胶囊的总输入 s_j 是所有低层胶囊预测向量 $\hat{u}_{j|i}$ 的加权和，预测向量 $\hat{u}_{j|i}$ 由低层胶囊的输出 u_i 与权重矩阵 W_{ij} 相乘得到。其中 c_{ij} 是由迭代动态路由过程决定的耦合系数。胶囊 i 和高一层所有胶囊间的耦合系数总和为 1，由路由 Softmax 函数决定。

$$c_{ij} = \frac{e^{b_{ij}}}{\sum_k e^{b_{ik}}} \tag{3-22}$$

其中 b_{ij} 是对数先验概率，初始值设置为 0，与其他权重参数同时学习。之后的更新由当前层的输出胶囊向量 v_j 与前一层预测向量 $u_{j|i}$ 的一致性来决定。

$$b_{ij} \leftarrow b_{ij} + \hat{u}_{j|i} \cdot v_j \tag{3-23}$$

即这个一致性由这两层胶囊向量的标量积来决定，在计算两层胶囊层的耦合系数之前先更新这个对数先验概率的值。路由更新的次数即为 b 更新的次数。

路由算法如下。

---

1 输入 l 层预测向量 $\hat{u}_{j|i}$ 及路由迭代次数 r。

2 对所有的 l 层胶囊 i 和 l+1 层胶囊 j： $b_{ij} \leftarrow 0$。

3 for r 次迭代。

4 对 l 层所有的胶囊 i： $c_i \leftarrow \text{softmax}(b_i)$。

5 对 l+1 层所有的胶囊 j： $s_j \leftarrow \sum_i c_{ij}\hat{u}_{j|i}$。

6 对 l+1 层所有的胶囊 j： $v_j \leftarrow \text{squash}(s_j)$。

7 对所有的 l 层胶囊 i 和 l+1 层胶囊 j： $b_{ij} \leftarrow b_{ij} + \hat{u}_{j|i} \cdot v_j$。

8 返回 v_j。

胶囊网络架构如图 3.30 所示。该网络有 3 层，首先是标准的卷积层（ReLU Conv1）。使用卷积层而不是直接使用胶囊，是因为胶囊的向量是用作描述某个对象的实例，并且越高级的胶囊能够表征更高级的实例。使用胶囊直接获取图像的特征并不理想，因为浅层的卷积神经网络更擅长获取低级特征，所以胶囊网络的第一层是卷积神经网络。第一层卷积层输出图像的局部低级特征，然后将其作为第一层胶囊层的输入。第二层是胶囊网络的第一个初级胶囊层（Primary Caps），包含 32×6×6 个胶囊，每个胶囊有 8 个向量，每个在 6×6 特征图上的胶囊都是权重共享的。初级胶囊层是多维实体的最低层级；从反图像的角度看，初级胶囊的激活等同反转呈现过程，这种计算正是胶囊网络的独特之处。

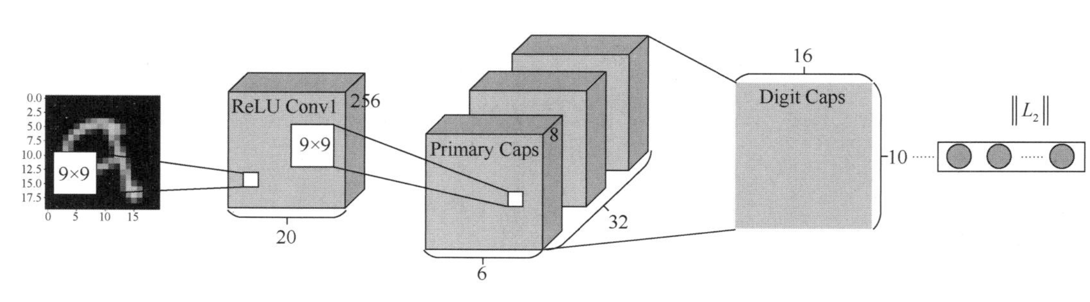

图 3.30　胶囊网络架构

最后一层是数字化胶囊层（Digit Caps），每个数字类用一个胶囊表示，其中每个胶囊含有 16 个向量。这层的胶囊与前一层所有的胶囊都有连接，这两个胶囊层之间采用动态路由算法来更新。

下面介绍两种常用的胶囊网络。

（1）使用 EM（expectation-maximization，期望最大化）路由的矩阵胶囊

一个胶囊是一组神经元，其输出代表同一个实物的不同属性。胶囊网络的每层包括多个胶囊。使用 EM 路由的矩阵胶囊网络中，每个胶囊都有一个逻辑单元来表示一个实物是否出现，以及一个 4×4 的矩阵来学习表示实例与视角（姿态）之间的关系，如图 3.31 所示。

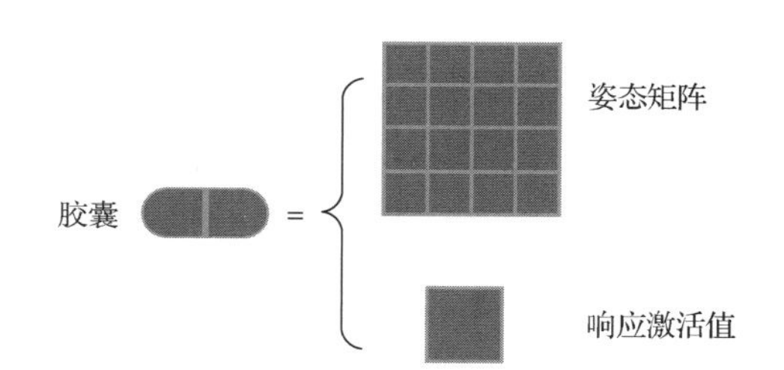

图 3.31　胶囊结构示意图

矩阵胶囊的模型结构如图 3.32 所示，一层中的胶囊通过将其自己的姿势矩阵乘以可学习表示局部整体关系的可训练视点不变的变换矩阵，来投票支持上一层中许多不同胶囊的姿势矩阵。这些投票中的每一个都由分配系数加权。使用 EM 算法为每个图像迭代更新这些系数，以使每个胶囊的输出路由到接收相似投票群集的上一层中的胶囊。通过反向传播每对相邻胶囊层之间的 EM 并展开迭代，来区别地训练变换矩阵。

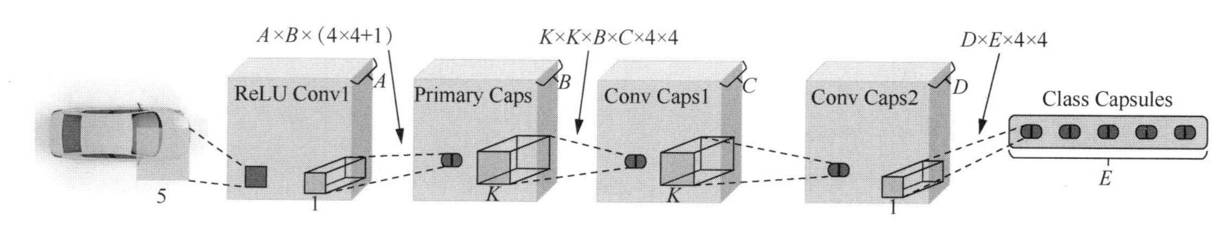

图 3.32　矩阵胶囊的模型结构

（2）堆叠式胶囊自编码器

物体可以看作一组相互关联的几何组成部分，神经系统可以学习推理物体之间的转换，它们的一部分或者视角的不同，意味着每种转换都可能需要用不同的方式表示。一个明确利用这些几何关系来识别物体的系统在应对视角的变化上理应具有鲁棒性，因为物体内在的几何关系是不会有变化的。堆叠式胶囊自编码器（stacked capsule autoencoder，SCAE）可以无监督地学习图像中的特征，并取得了最先进的结果。

堆叠式胶囊自编码器是一个无监督的胶囊网络，通过可查看所有部件的神经编码器，进而推断物体胶囊的位置与姿势。该编码器通过解码器进行反向传播训练，通过混合式姿势预测方案来预测已发现部件的姿势。同样是使用神经编码器，通过推断部件及其仿射变换，可以直接从图像中发现具体的部件。换句话说，每个相应的解码器图像像素建模都是仿射变换部分做出的混合预测结果。它们通过未标记的数据习得物体及其部分胶囊，然后对物体胶囊的存在向量进行聚类。

堆叠式胶囊自编码器有两个阶段（见图 3.33）。第一阶段，部件胶囊自编码器（PCAE），将图像分割为不同部件，推断其姿态，并通过适当安排仿射变换的部分模板来重建图像。第二阶段，对象胶囊自编码器（OCAE），尝试将发现的部件及其姿势组织成较小的一组对象，然后让这些对象尝试使用每个部件的单独预测混合来重建部件姿态。每个对象胶囊通过将姿态-对象-视图-关系乘以相关的对象-部件-关系来为这些混合物提供组件。SCAE 在未经标记的数据上进行训练时捕获整个对象及其部件之间的空间关系。图 3.33（a）为部件胶囊将输入细分为部件及其姿态，然后将这些姿态用于通过仿射变换学习的模板来重建输入。图 3.33（b）为对象胶囊试图将推断出的姿态安排到对象中，从而发现潜在的结构。SCAE 通过最大化受稀疏性约束的图像和部件对数似然率进行训练。

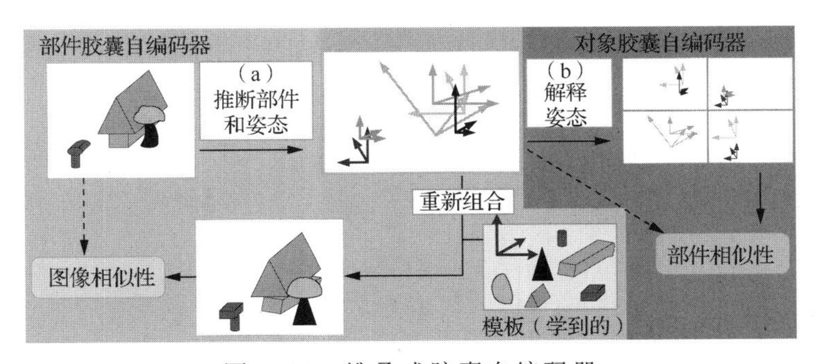

图 3.33　堆叠式胶囊自编码器

胶囊网络已经证明在自然语言处理、知识迁移、小样本文本分类、高光谱图像分类等不同领域有着广泛的用途。

3.7 图卷积神经网络

1. 图的基本定义

设图 $G=\{V,E,\boldsymbol{W}\}$ 是由顶点 V 和边 E 组成，$\boldsymbol{W}$ 表示权值邻接矩阵，$(i,j)\in E$ 表示由 i 连接到 j 的边；图分为有向图和无向图，在无向图中，$(i,j)=(j,i)$，但是在有向图中并不满足这条性质。这里重点介绍无向图。

W_{ij} 表示顶点 i 与顶点 j 之间的边(i,j)的权值。如果 $W_{ij}=0$ 表示在顶点 i 与顶点 j 之间没有边，即 $(i,j)\notin E$。$\boldsymbol{W}$ 中的元素一般为实数，并且由 $(i,j)=(j,i)$ 可以得到：$\boldsymbol{W}$ 是一个实对称矩阵。定义 $\boldsymbol{W}$ 最常用的方法就是使用阈值高斯核权函数：

$$W_{ij}=\begin{cases}\exp\left\{-\dfrac{\left[\operatorname{dist}(i,j)^2\right]}{2\theta^2}\right\} & ,\operatorname{dist}(i,j)\leqslant k\\ 0 & ,\text{其他}\end{cases} \tag{3-24}$$

其中，$\operatorname{dist}(i,j)$ 可以是顶点 i 与顶点 j 之间的物理距离，也可以是它们特征之间的距离。最简单的 $\boldsymbol{W}$ 就是通常介绍的邻接矩阵 $\boldsymbol{A}$，矩阵 $\boldsymbol{A}$ 只是 $\boldsymbol{W}$ 矩阵的一种特殊情况。$\boldsymbol{A}$ 中每一个元素 $A_{ij}\in\{0,1\}$，即

$$A_{ij}=\begin{cases}0, & (i,j)\in E\\ 1, & (i,j)\notin E\end{cases} \tag{3-25}$$

无向图中，N_i 表示节点 i 的邻域节点。它有多种定义的方法，一般情况下，某个顶点 i 的邻域由路径来定义：

$$N_i=\{j\in V,\operatorname{path}(i,j)\leqslant k\} \tag{3-26}$$

在顶点 i 与顶点 j 之间的“行走”是一个从顶点 i 开始到顶点 j 结束的边和顶点的连接序列。

2. 图信号处理

图信号处理是将数字信号处理中离散傅里叶变换和滤波器的基本运算扩展到图信号中。以图结构中一个节点作为示例，连续域中的经典傅里叶变换定义为

$$\hat{f}(w)=\int_R f(t)\mathrm{e}^{-2\pi iwt}\mathrm{d}t \tag{3-27}$$

拉普拉斯算子 Δ 满足：

$$-\Delta(\mathrm{e}^{2\pi iwt})=-\frac{\partial^2}{\partial t^2}\mathrm{e}^{2\pi iwt}=(2\pi w)^2\mathrm{e}^{2\pi iwt} \tag{3-28}$$

因此 $\mathrm{e}^{2\pi iwt}$ 可看作连续域拉普拉斯算子的特征函数。

无向图的拉普拉斯矩阵定义为：

$$\boldsymbol{L}=\boldsymbol{D}-\boldsymbol{W} \tag{3-29}$$

其中，度矩阵 $\boldsymbol{D}$ 为对角矩阵且满足：

$$\boldsymbol{D}_{mm}=\sum_{n}\boldsymbol{W}_{mn} \tag{3-30}$$

归一化拉普拉斯矩阵为：

$$\boldsymbol{L}_N=\boldsymbol{D}^{1/2}(\boldsymbol{D}-\boldsymbol{W})\boldsymbol{D}^{1/2} \tag{3-31}$$

$\boldsymbol{L}$ 为实对称半正定矩阵，可以通过傅里叶基 $\boldsymbol{U}=[\boldsymbol{u}_0,\cdots,\boldsymbol{u}_{N-1}]\in\mathbf{R}^{N\times N}$ 进行对角化：

$$\boldsymbol{L}=\boldsymbol{U}\boldsymbol{\Lambda}\boldsymbol{U}^{\mathrm{T}} \tag{3-32}$$

其中，N 为节点数量。拉普拉斯矩阵 $\boldsymbol{L}$ 是实对称矩阵，可知它的特征值 $\{\lambda_l\}_{l=0,\cdots,N-1}$ 都为非负实数，对应的特征向量为 $\{\boldsymbol{u}_l\}_{l=0,\cdots,N-1}$，满足：

$$\boldsymbol{L}\boldsymbol{u}_l=\lambda_l\boldsymbol{u}_l \tag{3-33}$$

离散傅里叶变换公式为

$$\hat{f}(\lambda_l)=<\boldsymbol{f},\boldsymbol{u}_l>=\sum_{i=0}^{N-1}f(i)\boldsymbol{u}_l(i)=\sum_{i=0}^{N-1}f(i)\mathrm{e}^{-\mathrm{j}l\frac{2\pi}{N}i} \tag{3-34}$$

其中，$\boldsymbol{u}_l\in\mathbf{C}^{\mathrm{N}},\boldsymbol{u}_l(i)=\mathrm{e}^{-\mathrm{j}l\frac{2\pi}{N}i},0\leqslant i\leqslant N-1$。

通过离散域和连续域的类比可以得到定义在图上的一个节点向量的离散傅里叶变换：

$$\hat{f}(\lambda_l)=<\boldsymbol{f},\boldsymbol{u}_l>=\sum_{i=0}^{N-1}f(i)\boldsymbol{u}_l^*(i) \tag{3-35}$$

其中，$\boldsymbol{u}_l^*(i)$ 为特征向量 $\boldsymbol{u}_l(i)$ 的共轭转置。同时，离散域的傅里叶逆变换为

$$f(i)=\sum_{i=0}^{N-1}\hat{f}(\lambda_l)\boldsymbol{u}_l(i) \tag{3-36}$$

将图中一个节点向量的离散傅里叶变换和傅里叶逆变换扩展到整个图信号，则图信号 $\boldsymbol{f}$ 的傅里叶变换可表示为

$$\hat{\boldsymbol{f}}=\begin{bmatrix}\hat{f}(1)\\ \vdots\\ \hat{f}(i)\\ \vdots\\ \hat{f}(N)\end{bmatrix}=\boldsymbol{U}^{\mathrm{T}}\boldsymbol{f}\ ,i=1,\cdots,N \tag{3-37}$$

$\hat{\boldsymbol{f}}$ 的傅里叶逆变换可以表示为

$$\boldsymbol{f}=\boldsymbol{U}\hat{\boldsymbol{f}} \tag{3-38}$$

3. 图卷积神经网络操作

在信号处理过程中，系统的冲激响应为 $\boldsymbol{h}$。信号 $\boldsymbol{f}_{\mathrm{in}}$ 经过系统后的输出 $\boldsymbol{f}_{\mathrm{out}}$ 为

$$\boldsymbol{f}_{\mathrm{out}}=\boldsymbol{f}_{\mathrm{in}}\bullet\boldsymbol{h} \tag{3-39}$$

变换到频域，得到：

$$\hat{\boldsymbol{f}}_{\mathrm{out}}=\hat{\boldsymbol{f}}_{\mathrm{in}}\odot\hat{\boldsymbol{h}} \tag{3-40}$$

联立式（3-37）～式（3-40），得到：

$$f_{\text{out}} = U(U^{\mathrm{T}} h \odot U^{\mathrm{T}} f_{\text{in}}) = \hat{h}(L) f_{\text{in}} \tag{3-41}$$

其中 $\hat{h}(L) = U\hat{h}(\Lambda)U^{\mathrm{T}} = U\begin{bmatrix} \hat{h}(\lambda_0) & 0 & \cdots & 0 \\ 0 & \hat{h}(\lambda_1) & \cdots & 0 \\ \vdots & \vdots & & \vdots \\ 0 & 0 & \cdots & \hat{h}(\lambda_{N-1}) \end{bmatrix}U^{\mathrm{T}}$。当频域滤波器是一个 K（$K \leqslant N-1$）阶多项式时，有

$$\hat{h}(\lambda_l) \approx \sum_{k=0}^{K} h(k)\lambda_l^k \tag{3-42}$$

将式（3-42）代入式（3-41），得到：

$$f_{\text{out}}(i) = \sum_{l=0}^{N-1} u_l(i)\hat{h}(\lambda_l)\hat{f}_{\text{in}}(\lambda_l) = \sum_{j=1}^{N} f_{\text{in}}(j)\sum_{k=0}^{K} h(k)\sum_{l=0}^{N-1}\lambda_l^k u_l^*(j)u_l(i) \tag{3-43}$$

由于 $L=\lambda UU^{\mathrm{T}}$，得到：

$$(L^k)_{ij} = \sum_{l=0}^{N-1}\lambda_l^k u_l^*(j)u_l(i) \tag{3-44}$$

将式（3-44）代入式（3-43），得到：

$$f_{\text{out}}(i) = \sum_{j=1}^{N} f_{\text{in}}(j)\sum_{k=0}^{K} h(k)(L^k)_{ij} \tag{3-45}$$

对于整个图信号而言，有

$$f_{\text{out}} = \sum_{k=0}^{K} h(k)L^k f_{\text{in}} \tag{3-46}$$

由 L 矩阵的性质可知，在图中，当顶点 i 与顶点 j 之间的最短路径大于 k 时，$(L^k)_{ij}=0$，这意味着当滤波器是取 k 阶多项式时，顶点 i 处的输出值只与自身顶点原来的值以及路径不大于 k 的顶点有关，即

$$f_{\text{out}}(i) = b_{ii} f_{\text{in}}(i) + \sum_{j \in N(i,K)} b_{ij} f_{\text{in}}(j) \tag{3-47}$$

其中 $b_{ij} = \sum_{k=0}^{K} h(k)(L^k)_{ij}$。

（1）第一代 GCN

对比卷积操作，从式（3-46）中可以看出，$\sum_{k=0}^{K} h(k)L^k$ 就是我们所需要的卷积核，训练参数为 $[h(0),\cdots,h(K)]$。

当输入信号有多个通道的时候，得到卷积公式：

$$f_{m+1,j} = \sum_{i=1}^{D_m} F_{m,i,j} f_{m,i} \tag{3-48}$$

其中，m 表示第 m 层卷积层，N_m 表示顶点数量，D_m 表示特征维数，$f_{m,i} \in \mathbf{R}^{N_m \times D_m}$ 表

示输入信号 f_m 的第 i 个特征。$F_{m,i,j}=\sum_{k=0}^{K}h_{m,i,j}(k)\boldsymbol{L}^k$ 表示第 j 个卷积核对第 i 特征做卷积的卷积核。

卷积之后需要进行非线性激活和池化操作，得到：

$$f_{m+1,j}=P_m h\left(\sum_{i=1}^{D_m}F_{m,i,j}f_{m,i}\right) \tag{3-49}$$

其中，$h(*)$表示非线性激活函数，P_m 表示池化操作。式（3-49）表达了图在顶点域中的卷积过程。

相应顶点域的卷积公式可以由式（3-50）得到：

$$f_{m+1,j}=\boldsymbol{U}\sum_{i=1}^{D_m}(\boldsymbol{U}^{\mathrm{T}}h_{m,i,j}\odot\boldsymbol{U}^{\mathrm{T}}f_{m,i})=\boldsymbol{U}\sum_{i=1}^{D_m}\hat{\boldsymbol{h}}_{m,i,j}(\boldsymbol{\Lambda})\boldsymbol{U}^{\mathrm{T}}f_{m,i}=\sum_{i=1}^{D_m}\hat{\boldsymbol{h}}_{m,i,j}(\boldsymbol{L})f_{m,i} \tag{3-50}$$

其中，$\hat{\boldsymbol{h}}_{m,i,j}(\boldsymbol{\Lambda})$ 是对角矩阵，同时是我们需要训练的卷积核，训练参数为 $[\hat{h}(\lambda_0),\cdots,\hat{h}(\lambda_{N-1})]$。

（2）第二代 GCN

从第一代的卷积公式（3-40）可以知道，训练参数数量巨大，没有实现参数共享，需要计算 $\boldsymbol{L}$ 矩阵的特征向量，计算复杂度高，所以在第二代 GCN 中，引入切比雪夫多项式，避免对特征矩阵的求解，来降低计算复杂度。

切比雪夫多项式的递推关系为

$$T_k(x)=2xT_{k-1}(x)-T_{k-2}(x) \tag{3-51}$$

其中，$T_0=1$，$T_1=x$，并且切比雪夫多项式 $\{T_n(x)\}$ 在 $L^2([-1,1],\mathrm{d}y\sqrt{1-y^2})$ 为正交基，以 $\mathrm{d}y/\sqrt{1-y^2}$ 为度量的平方可积函数的 Hibert 空间。即：

$$\int_{-1}^{1}T_n(x)T_m(x)\frac{1}{\sqrt{1-x^2}}\mathrm{d}x=\begin{cases}0, & n\neq m\\ \pi, & n=m=0\\ \pi/2, & n=m\neq 0\end{cases} \tag{3-52}$$

从式（3-52）中可以知道 $x\in[-1,1]$，所以需要把 $\boldsymbol{L}$ 的特征值归一化到$[-1,1]$，所以

$$\tilde{\boldsymbol{\Lambda}}=2\boldsymbol{\Lambda}/\lambda_{\max}-\boldsymbol{I}_n \tag{3-53}$$

将式（3-53）代入式（3-46），得到：

$$\boldsymbol{f}_{\mathrm{out}}=\sum_{k=0}^{K}h(k)\tilde{\boldsymbol{L}}^k\boldsymbol{f}_{\mathrm{in}} \tag{3-54}$$

其中，$\tilde{\boldsymbol{L}}=\boldsymbol{U}\tilde{\boldsymbol{\Lambda}}\boldsymbol{U}^{\mathrm{T}}$。

将式（3-54）与式（3-52）结合，令 $T_0(\tilde{\boldsymbol{L}})=I_N$，$T_1(\tilde{\boldsymbol{L}})=\tilde{\boldsymbol{L}}$，$\bar{f}_k=2\tilde{\boldsymbol{L}}T_{k-1}(\tilde{\boldsymbol{L}})-T_{k-2}(\tilde{\boldsymbol{L}})$，简化为切比雪夫 K 阶多项式，有：

$$\sum_{k=0}^{K}h(k)\tilde{\boldsymbol{L}}^k=\sum_{k=0}^{K}\theta(k)T_k(\tilde{\boldsymbol{L}})\boldsymbol{f}_{\mathrm{out}}=\sum_{k=0}^{K}\theta(k)T_k(\tilde{\boldsymbol{L}})\boldsymbol{f}_{\mathrm{in}} \tag{3-55}$$

式（3-55）是式（3-47）顶点域卷积对应的频域表示，训练参数为 $[\theta(0),\cdots,\theta(K)]$。

当信号 $\boldsymbol{f}_{\text{in}}$ 为多通道信号时，式（3-55）变为：

$$f_{m+1,j}=\sum_{i=1}^{D_m}\ [\bar{f}_{m,i,0},\cdots,\bar{f}_{m,i,K}]，\quad \theta_{i,j}\in\mathbf{R}^{n} \tag{3-56}$$

其中，m 表示第 m 层卷积层，$f_{m,i}$ 表示输入的第 i 个特征，$f_{m+1,j}$ 表示输出的第 j 个特征，D_m 表示输入特征的维度，$\theta_{i,j}\in\mathbf{R}^{K+1}$ 为卷积核参数，$\bar{f}_{m,i,k}=T_k(\tilde{\boldsymbol{L}})f_{m,i}$。

（3）第三代 GCN

第三代 GCN 通过对第二代 GCN 模型进行简化，避免了每次都需要求解 $\boldsymbol{L}^k$，同时规范神经网络模型的逐层传播规则。从式（3-55）中得到，当 K=1 时，有：

$$\boldsymbol{f}_{\text{out}}=\theta(0)T_0(\tilde{\boldsymbol{L}}_{\text{norm}})\boldsymbol{f}_{\text{in}}+\theta(1)T_1(\tilde{\boldsymbol{L}}_{\text{norm}})\boldsymbol{f}_{\text{in}}=\theta(0)\boldsymbol{f}_{\text{in}}+\theta(1)\tilde{\boldsymbol{L}}_{\text{norm}}\boldsymbol{f}_{\text{in}}=\theta(0)\boldsymbol{f}_{\text{in}}+\theta(1)\left(\frac{2}{\lambda_{\max}}\boldsymbol{L}_{\text{norm}}-\boldsymbol{I}_N\right)\boldsymbol{f}_{\text{in}} \tag{3-57}$$

其中 $\tilde{\boldsymbol{L}}_{\text{norm}}=\left(\frac{2}{\lambda_{\max}}\boldsymbol{L}_{\text{norm}}-\boldsymbol{I}_N\right)$，其特征值的范围为$[-1,1]$。$\boldsymbol{L}_{\text{norm}}=\boldsymbol{D}^{-\frac{1}{2}}\boldsymbol{L}\boldsymbol{D}^{-\frac{1}{2}}=\boldsymbol{I}_N-\boldsymbol{D}^{-\frac{1}{2}}\boldsymbol{W}\boldsymbol{D}^{-\frac{1}{2}}$ 是对组合拉普拉斯矩阵归一化后的矩阵，称为归一化拉普拉斯矩阵，它的特征值在[0,1]中。

将 $\lambda_{\max}\approx 2$ 代入式（3-57），得到：

$$\boldsymbol{f}_{\text{out}}\approx\theta(0)\boldsymbol{f}_{\text{in}}+\theta(1)(\boldsymbol{L}_{\text{norm}}-\boldsymbol{I}_N)\boldsymbol{f}_{\text{in}}=\theta(0)\boldsymbol{f}_{\text{in}}-\theta(1)\left(\boldsymbol{D}^{-\frac{1}{2}}\boldsymbol{W}\boldsymbol{D}^{-\frac{1}{2}}\right)\boldsymbol{f}_{\text{in}} \tag{3-58}$$

由于 $\theta(0)$、$\theta(1)$是训练参数，是可调整的，$\theta(0)=-\theta(1)=\theta$，那么：

$$f_{\text{out}}\approx\theta\left(\boldsymbol{I}_N+\boldsymbol{D}^{-\frac{1}{2}}\boldsymbol{W}\boldsymbol{D}^{-\frac{1}{2}}\right)x \tag{3-59}$$

$\boldsymbol{I}_N+\boldsymbol{D}^{-\frac{1}{2}}\boldsymbol{W}\boldsymbol{D}^{-\frac{1}{2}}$ 的特征值范围为$[0,2]$，可能会导致梯度消失和梯度爆炸的问题，所以需要将 $\boldsymbol{I}_N+\boldsymbol{D}^{-\frac{1}{2}}\boldsymbol{W}\boldsymbol{D}^{-\frac{1}{2}}$ 进行归一化为 $\tilde{\boldsymbol{D}}^{-\frac{1}{2}}\tilde{\boldsymbol{W}}\tilde{\boldsymbol{D}}^{-\frac{1}{2}}$，其中，$\tilde{\boldsymbol{W}}=\boldsymbol{W}+\boldsymbol{I}_N$，$\tilde{D}_{ij}=\sum_j\tilde{W}_{ij}$，以有效地避免梯度消失和梯度爆炸的问题，同时由于 θ 为一个数，因此 θ 可以放到等式的最后面，得到：

$$f_{\text{out}}\approx\left(\tilde{\boldsymbol{D}}^{-\frac{1}{2}}\tilde{\boldsymbol{W}}\tilde{\boldsymbol{D}}^{-\frac{1}{2}}\right)f_{\text{in}}\theta \tag{3-60}$$

当 f_{in} 为多通道特征时，得到：

$$f_{m+1}=\left(\tilde{\boldsymbol{D}}^{-\frac{1}{2}}\tilde{\boldsymbol{A}}\tilde{\boldsymbol{D}}^{-\frac{1}{2}}\right)f_m\Theta \tag{3-61}$$

其中，$f_{m+1}\in\mathbf{R}^{N\times F}$ 表示第 m 层的输出信号，F 表示输出信号的特征维度，$f_m\in\mathbf{R}^{N\times C}$ 表示第 m 层的输入信号，C 表示输入信号的特征维度，$\Theta\in\mathbf{R}^{C\times F}$ 表示卷积核参数，是需要训练的参数。

通过式（3-60）可以得到 GCN 多层传播的公式：

$$H^{(m+1)} = \mathrm{Relu}(\hat{A}H^{(m)}\Theta^{(m)}) \tag{3-62}$$

其中 $H^{(0)}=f_m$，则式（3-62）为目前所用的 GCN 的卷积公式。

图卷积神经网络已经证明在图像识别及物体识别等计算机视觉、自然语言处理、物理学和遥感科学等领域有着广泛的用途。

3.8 生成对抗网络

生成对抗网络（GAN）通过对抗训练的方式使生成网络产生的样本服从真实数据分布。

受对弈论中二人零和对弈的启发，GAN 由两个网络进行对抗训练：一个是判别网络，通常是一个二分类器，用于估计生成数据的概率，其目标是尽量准确地判断一个样本是来自真实数据还是由生成网络生成的数据；另一个是生成网络，用于捕获数据分布，其目标是尽量捕捉真实数据样本的潜在分布，并生成新的数据样本。这两个目标相反的网络不断地进行交替训练，即生成网络及判别网络之间的极小极大零和对弈。

GAN 的优化是一个极小极大对弈问题，终止于一个鞍点，该鞍点相对于生成网络是最小值，相对于判别网络是最大值，即达到纳什均衡。GAN 的流程图如图 3.34 所示。

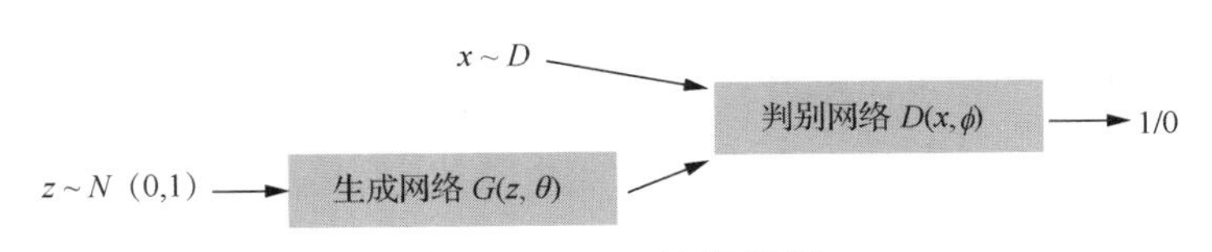

图 3.34 GAN 的流程图

相比完全明显的置信网络，由于 GAN 不需要在采样序列生成不同的数据，因此它可以更快地产生样本；相比非线性 ICA，GAN 不要求生成器输入的潜在变量有任何特定的维度或者生成器可逆；相比于 VAE，GAN 没有引入任何决定性偏置；相比玻耳兹曼机和 GSN，GAN 生成数据的过程只需要模型运行一次，而不是以马尔可夫链的形式迭代很多次，而且模型只用到了反向传播，而不需要马尔可夫链。

虽然对抗生成模型取得了巨大的成功，但是作为一种无监督模型，其主要的缺点是缺乏有效的客观评价，很难客观衡量不同模型之间的优劣，很难去学习生成离散的数据，而且 GAN 存在神经网络类模型的一般性缺陷，即可解释性差，生成模型的分布没有显式的表达。另外，由于 GAN 采用对抗学习的准则，理论上还不能判断模型

的收敛性和均衡点的存在性，训练过程需要保证两个网络的平衡和同步。

1. CGAN

自从提出 GAN 以来，陆续出现了一些基于 GAN 的衍生模型，条件生成式对抗网络（CGAN）是对原始 GAN 的一个扩展，生成器和判别器都增加额外信息 $\boldsymbol{y}$ 为条件。如图 3.35 所示，通过将额外信息 $\boldsymbol{y}$ 输送至判别网络和生成网络，作为输入层的一部分，从而实现 CGAN。在生成网络中，先验输入噪声和条件信息联合组成联合隐藏层表征。对应的 CGAN 的目标函数是带有条件概率的二人极小极大值对弈：

$$\min_{G}\max_{D} V(D,G)=E_{x\sim p_{\text{data}}(x)}[\log D(\boldsymbol{x}\mid \boldsymbol{y})]+E_{x\sim p_z(z)}[\log(1-D(G(\boldsymbol{z}\mid \boldsymbol{y})))] \tag{3-63}$$

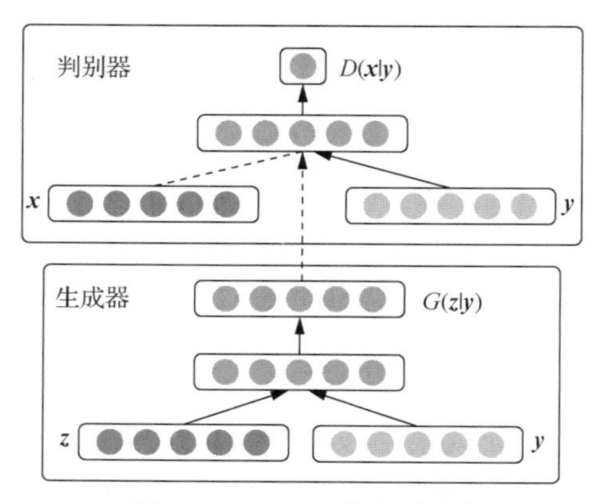

图 3.35　CGAN 的流程图

2. DCGAN

DCGAN 在 GAN 基础上增加深度卷积网络结构，专门生成图像样本。它在生成器和判别器中采用了较为特殊的结构，以便对图片进行有效建模。DCGAN 相比于 GAN 或者普通 CNN 的改进包含以下几个方面。

- 使用卷积和去卷积代替池化层。
- 在生成器和判别器中都添加了批量归一化操作。
- 去掉了全连接层，使用全局池化层替代。
- 生成器的输出层使用 tanh 激活函数，其他层使用 ReLU 激活函数。

判别器的所有层都是用 LeakyReLU 激活函数。在生成器和判别器特征抽取层，用卷积神经网络代替了原始 GAN 中的多层感知机，同时去掉 CNN 中的池化层，以便整个网络可微，另外将全连接层以全局池化层替代，减轻了计算量。

3. CycleGAN

相比单向生成的传统 GAN，CycleGAN 是互相生成的，其本质是通过两个镜像对称的 GAN 构成一个环形网络，故而命名为 Cycle。该网络由两个生成器 $\boldsymbol{G}_{AB}$ 与 $\boldsymbol{G}_{BA}$ 和判别器 $\boldsymbol{D}_B$ 组成，图像 $\boldsymbol{a}$ 经过生成器 $\boldsymbol{G}_{AB}$ 生成伪图像 $\boldsymbol{G}_{AB}(\boldsymbol{a})$，然后 $\boldsymbol{G}_{AB}(\boldsymbol{a})$ 经过生成器 $\boldsymbol{G}_{BA}$

生成图像 $\boldsymbol{a}$ 的重构图像 $\boldsymbol{G}_{BA}(\boldsymbol{G}_{AB}(\boldsymbol{a}))$，生成的伪图像 $\boldsymbol{G}_{AB}(\boldsymbol{a})$ 和原始图像 $\boldsymbol{b}$ 都会输入判别器 $\boldsymbol{D}_B$ 中。其目的为训练生成器 $\boldsymbol{G}_{AB}$ 与 $\boldsymbol{G}_{BA}$ 的重构损失与判别器 $\boldsymbol{D}_B$ 的目标函数，总体的目标函数表示为

$$L_{\text{GAN}}(\boldsymbol{G}_{AB},\boldsymbol{D}_B,\boldsymbol{A},\boldsymbol{B})=E_{b\sim B}[\log \boldsymbol{D}_B(\boldsymbol{b})]+E_{a\sim A}[\log(1-\boldsymbol{D}_B(\boldsymbol{G}_{AB}(\boldsymbol{a})))] \tag{3-64}$$

对于用于重建图像 $\boldsymbol{a}$ 的生成器 $\boldsymbol{G}_{AB}$ 与 $\boldsymbol{G}_{BA}$，其目的是希望生成的图像 $\boldsymbol{G}_{BA}(\boldsymbol{G}_{AB}(\boldsymbol{a}))$ 和原图 $\boldsymbol{a}$ 尽可能地相似，其中采取了 L_1 损失或 L_2 损失。最后生成损失函数，表示为

$$L_{\text{GAN}}(\boldsymbol{G}_{AB},\boldsymbol{D}_{BA},\boldsymbol{A},\boldsymbol{B})=E_{a\sim A}[\|\boldsymbol{G}_{BA}(\boldsymbol{G}_{AB}(\boldsymbol{a}))-\boldsymbol{a}\|_1] \tag{3-65}$$

CycleGAN 有诸多优点，其结构很简单、有效，它不必使用成对的样本也可以进行图像映射，而且不需要提供从源域到目标域的配对转换样本就可以训练，输入的两张图片可以是任意未配对的两张图像，并且可以让两个不同域的图像互相转化。相比 pix2pix，CycleGAN 的用途更广泛，利用 CycleGAN 可以做出更多有趣的应用。

4. WGAN

WGAN 中提出了沃瑟斯坦距离，沃瑟斯坦距离又称 Earth-Mover（EM）距离，度量两个概率分布之间距离的定义如下：

$$W(P_r,P_g)=\inf_{\gamma\in\Pi(P_r,P_g)} E_{(x,y)\sim\gamma}[\|\boldsymbol{x}-\boldsymbol{y}\|] \tag{3-66}$$

由于原始 GAN 的判别器是一个二分类问题，而 WGAN 中的判别器是去近似拟合沃瑟斯坦距离，二分类问题就变成了回归任务，因此需要将最后一个 sigmoid 函数去掉。由于沃瑟斯坦距离具体可以量化真实分布和生成分布之间的距离，因此它可以作为训练进程的判别标准，其值越小，表示 GAN 训练得越好。

总结来说，WGAN 主要贡献在于：

- 彻底解决了 GAN 训练不稳定的问题，不再需要小心平衡生成器和判别器的训练程度；
- 基本解决了破坏形式（collapse mode）问题，确保了生成样本的多样性；
- 训练过程中终于有一个像交叉熵或者准确率这样的指标指示训练的进程，沃瑟斯坦距离值越小代表 GAN 训练得越好，代表生成器产生的图像质量越高；
- 不需要精心设计网络架构，最简单的多层全连接网络就可以做到。

生成对抗网络已经证明在数据生成、图像修复、图像超分辨、图像去噪、文本图像转换等领域有着广泛的用途。

第 4 章 人工智能各行各业的发展状况

人工智能技术经过近十年的快速发展已经取得较大突破。随着人工智能理论和技术日益成熟，人工智能场景融合能力不断提升，近年来商业化应用已经成为人工智能科技企业布局的重点。西方发达国家和地区的人工智能产业商业落地较早，中国作为“后起之秀”，近年来在政策、资本的双重推动下，人工智能商业化应用进程加快。目前，人工智能技术已在安防、金融、医疗、农业、交通、教育、零售等多个领域实现技术落地，且应用场景也越来越丰富。

使用成熟度和市场体量两个维度，对 2020 年人工智能技术在各细分应用领域发展成熟度进行分析，结果如图 4.1 所示。可以看出，人工智能在安防、零售和金融领域的成熟度最高，尚有一些领域的发展情况较为初步，有待未来探索。

图 4.1　2020 年人工智能技术在各细分应用领域发展成熟度的分析结果

4.1 人工智能+安防

随着科技的进步和社会的发展，安全与保护成为人们日常生活和社会运行中的重要问题。传统的安防手段在面对复杂多变的安全威胁和挑战时逐渐显露出局限性。人工智能作为一种新兴技术，提供了全新的解决思路和手段，正在广泛应用于安防领域。

人工智能与安防的结合具有重要的研究意义和实际应用价值。首先，人工智能在安防领域能够提供更高效、准确的监测和识别能力，帮助安防人员及早发现和应对安全威胁。其次，人工智能在安防领域有助于提升应急响应和决策能力，使安防人员能够做出及时、准确的决策，提高公众安全。此外，人工智能与安防的结合还能够为社会带来更广泛的应用和发展，应用于城市安全管理、交通安全监控等领域，为社会治理和公共安全提供更有效的解决方案。

因此，人工智能与安防的结合具有重要意义，将推动安防技术的创新和发展，提升社会安全水平，保障公众的安全与利益。

4.1.1 发展背景

近年来，人工智能迎来了第三个发展高峰期。在计算、大数据、深度学习等技术的综合作用下，人工智能技术得以大幅度进步。在很多应用领域，人工智能被寄予很大期望，最乐观的预期认为其可以带来人类文明的第四次工业革命。过去几年里，中国公共安全视频监控建设经历了飞速发展的黄金时期，适逢人工智能技术取得突破性进展，以人脸识别为代表的人工智能（主要是机器视觉）在安防行业迅速落地，诞生了一系列初具成效的应用。

在顶层设计层面，中国政府对人工智能发展战略高度重视。自 2015 年 6 月以来，我国密集发布了 7 项关于人工智能的政策与规划，并倡导将人工智能技术应用于公共安全领域，进行技术创新、产品创新和应用创新。

在技术创新层面，传统的安防企业、新兴的人工智能初创企业都开始积极从技术各个维度拥抱人工智能，在模式识别基础理论、图像处理、计算机视觉以及语音信息处理等多方面展开了集中研究与持续创新，探索模式识别机理以及有效计算方法，为解决应用实践问题提供了关键技术，具备了原创性技术的突破能力。

在产品应用层面，很多企业推出了系列化的前后端人工智能安防产品，理论上满足了许多典型场景（见表 4.1）下的实际应用需求。人工智能技术的不断进步，传统的被动防御安防系统将升级成为主动判断和预警的智慧安防系统。安防从单一的安全

领域有望向多行业应用、提升生产效率、提高生活智能化程度的方向发展，为更多的行业和人群提供可视化、智能化解决方案。

表 4.1　人工智能+安防十大应用场景

排名	场景	具体事项
1	智慧要事安保	立体安防、要事安保
2	智慧城市综治	市容环境整治、隐患检测、施工场地监控
3	智慧港口	龙门吊、集卡远程操控、港口监控
4	智慧矿区	挖掘机、矿卡远程操控
5	智慧出行	智慧公交、智慧机场、路害监控
6	智慧环保	蓝天卫士、环保监控
7	智慧消防	视频巡检、告警联动、移动指挥
8	智慧制造	远程监控、AOI 检测、AGV 物流、巡检辅助
9	智慧配电房	配电房管理
10	智慧物流	车辆运输监控

4.1.2　应用场景

随着人工智能在安防行业的渗透和深层次应用技术的研究开发，当前安防行业已经呈现“无 AI，不安防”的新趋势。各安防监控厂商全线产品 AI 化已经是当前不争的事实，同时也成为各厂商的新战略。随着人工智能在安防行业的深入落地，人工智能在安防领域（尤其是视频监控领域）的产品形态及应用模式也开始趋于稳定。安防行业的人工智能技术主要集中在人脸识别、车辆识别、行人识别、行为识别、结构化分析、大规模视频检索等方向。

安防行业的人工智能应用场景分为卡口场景和非卡口场景。前者指光线、角度等条件可控的应用场景，以车辆卡口及人脸卡口为主；后者指普通治安监控视频场景。其中，卡口场景约占监控摄像机应用总量的 1%～3%，剩余的均用于非卡口监控视频场景。

人工智能在安防行业有以下几方面应用。

1. 卡口场景

（1）人脸身份确认应用

人脸身份确认应用以公安行业人员布控为代表，在关键点位部署人脸抓拍摄像机，通过后端人脸识别服务器对抓拍到的人脸进行分析、识别，同时与黑名单库人脸进行比对。随着人员布控应用的增强，其已经初显效果。例如，2018 年的热搜“张学友演唱会”——几个月内数十名逃犯先后被人脸识别应用发现踪迹并被抓捕归案。

人脸动态布控应用中主要利用人脸抓拍摄像机从高清视频画面中抓拍人脸照片，即时分析人脸特征，快速完成抓拍人脸与黑名单库人脸的比对并实现报警提示。报警后可结合人脸静态大库，将抓拍到的人脸在静态大库中进行人员身份信息查询，最终输出匹配度较高的人员，经过人工研判后即可判定其是不是在逃的违法犯罪分子，通过指挥调度实现对犯罪分子的“围追堵截”，直至抓捕归案。类似的应用还有很多。

另外，通过人脸识别系统的行人抓拍库，还可以查询人员行走轨迹，如借助人脸识别系统寻找走失老人、儿童等，实现便民服务。

（2）人脸身份验证应用

人脸身份验证应用逐渐普遍。常见的人脸白名单应用已经在很多行业落地，例如人脸门禁、人脸速通门、人脸考勤、人员身份确认等，广泛应用于企业、各类园区等场景。

除了实现基础的人脸识别应用外，人脸门禁还可以识别并排除通过照片、视频等人脸实施的假冒行为，切实保障出入口人员安全管控及日常人员管理等。

（3）车辆识别应用

车辆识别技术是公安实战中应用非常成熟、效果非常明显的技术之一。借助遍布全国各地交通要道的车辆卡口，车牌识别使得“以车找人”成为现实，成功协助警方破获各类案件。车辆识别技术已经从初级基于车牌的车辆识别应用阶段，发展到车型识别、套牌车识别等精准的车辆识别应用阶段。

2. 非卡口场景

（1）行为分析辅助安防应用

在行为分析辅助安防应用中，行为分析系统对人员的异常行为进行分析、处理，可应用于重点区域防范、重要物品监视、可疑危险物品遗留等行为的机器识别，也可对人员的异常行为进行报警，极大地提升了视频监控的应用效率。

（2）视频结构化分析与快速检索应用

在视频结构化分析与快速检索应用中，视频结构化业务功能是对视频中的机动车、非机动车、行人等活动目标进行分类检测。通过视频结构化业务快速分析并提取出视频中感兴趣目标的特征属性信息，用户能够高效获取涉案事件相关线索，促进大安防时代视频数据从看清跨入看懂的阶段。

另外，还可以实现对群体的态势分析，如人群密度分析、人员聚集分析等。通过对重点区域或人员聚集较多的场所态势进行分析，可以防止群体性事件发生，做到提前预警、及时处置。

4.1.3 发展总结

1. 产品的云端结合

目前安防系统中常见的中心计算架构问题已经日趋严重，主要体现为网络传输带宽问题、及时性问题得不到有效解决。

边缘计算的出现有效缓解了上述问题。云计算聚焦非实时、长周期数据以及业务决策场景，而边缘计算在实时性、短周期数据以及本地决策等场景方面有不可替代的作用。这使得云端结合成为新趋势：一些需要集中处理的计算继续交由大型云计算中心完成，如大数据挖掘、大规模学习；大量实时的需要交互的计算、分析在边缘节点完成。同时边缘计算也是云端所需高价值数据的采集终端，可以更好地支撑云端应用的大数据分析；而云端通过大数据分析得出的一些业务规则也可以下发到边缘端，优化边缘端的业务决策。云计算与边缘计算分工协作，可以满足智能时代爆发式的计算需求。图 4.2 为安防业务云端与边缘端结合示意图。

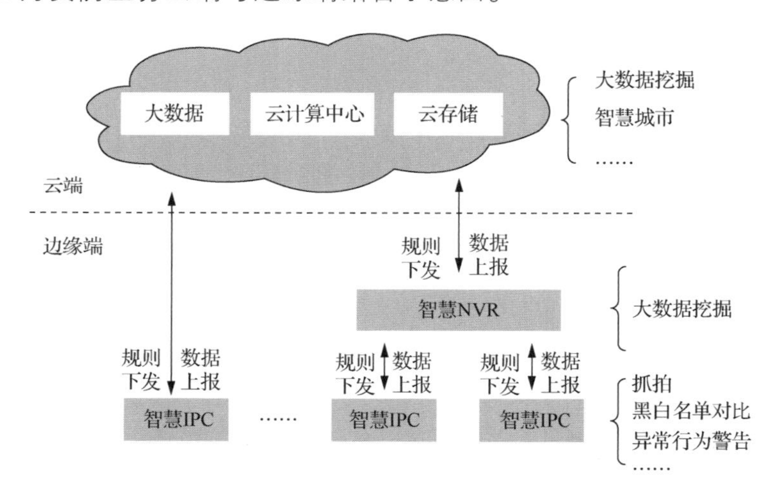

图 4.2 安防业务云端与边缘端结合示意图

2. 数据的多维应用

现今的智能监控系统已经开始融合人工智能分析技术和物联网技术，以采集和提取更多有效的多维数据。人工智能技术能够对视频内容进行智能分析，将所有运动目标进行自动分离、自动分类，并自动提取目标多维度的结构化数据以及半结构化数据，如人脸特征、人体特征、车辆特征、异常行为、时空特征及相应的、更为细化的属性特征。通过物联网技术可以采集相关的物联网信息，如利用 RFID 技术。

通过对历史数据的分析、挖掘，可以挖掘事件的内在联系，识别出异常模式，从而提供实时报警服务；利用知识图谱技术，可以挖掘人与人、人与事、事件与事件之间的关联关系，并进行深度推理，进而为重大事件提供决策分析，提高预警的准确性和及时性。

4.2 人工智能+金融

金融领域是现代社会经济的重要组成部分，涉及资金流动、投资决策、风险管理等方面。随着科技的迅猛发展和数据的爆发式增长，金融行业正面临着巨大的挑战和机遇。人工智能作为一种新兴技术，为金融领域带来了全新的解决思路和机会，正在推动金融行业的转型与创新。

人工智能与金融的结合具有重要的研究意义和实际应用价值。首先，人工智能在金融领域能够提供高效、准确的数据分析和决策能力，帮助金融机构进行风险评估、投资决策等方面的工作。其次，人工智能技术在金融领域有助于提升风险管理和欺诈检测能力，即通过建立智能化的风险模型和预警系统，减少金融诈骗和非法交易的风险。此外，人工智能技术还能够推动金融科技的发展和创新，为用户提供更便捷、智能的金融产品和服务。

因此，人工智能与金融的结合将推动金融技术的创新和发展，提升金融机构的运营效率、风险管理水平和用户体验，对金融行业和整个社会产生积极的影响。

4.2.1 发展背景

在政策方面，2017 年 5 月，中国人民银行成立金融科技（FinTech）委员会，旨在加强金融科技工作的研究规划和统筹协调；同年 6 月，发布《中国金融业信息技术“十三五”发展规划》，其中将人工智能、大数据、区块链、云计算等新一代信息技术设为金融科技的重点研究方向，从政策高度上确立了人工智能+金融的发展基调。2020 年，中国证券业协会和中国银行保险监督管理委员会就银行、保险和证券行业发展人工智能+金融科技方面也做出指导意见，促进技术落地于金融领域的全场景。从趋势来看，金融科技的促进政策在高度和全局性上已经相对充分，深度和微观层面也在陆续完善，未来在技术标准制定和更加具体的场景应用方面势必会产生新的引导意见，为技术合规、合理赋能行业下行路线打下基础。2020 年 6 月，中国人民银行等（8 家）机构联合发布的《关于进一步强化中小微企业金融服务的指导意见》（以下称《意见》）中指出，运用金融科技手段赋能小微企业金融服务，鼓励商业银行运用大数据、人工智能等技术建立风险定价和管控模型，改造信贷审批发放流程。《意见》肯定了人工智能技术在相关场景中的应用价值，也指明了落地方向，为人工智能+金融行业目标群体由 C 端（消费者端）向 B 端（商业端）转型提供了政策意见。

在技术方面，金融服务中主要涉及的风险领域包括主体企业风险、交易风险和操作风险。人工智能可以通过机器学习和知识图谱等方式，对主体企业工商、税务、舆情等信息数据进行处理建模，搭建信用评价体系，增加行业自动化评价维度；通过知识图谱对产业链中的关联性交易进行组织和透视，防止虚假交易存在；通过 OCR 识别、图像识别、自然语言处理和智能语音等技术，对各类单据进行识别和审核，在降本增效的同时，降低机械风险和人员道德风险。

在市场方面，如图 4.3 和图 4.4 所示，通过对 2015—2020 年 7 月人工智能+金融相关融资情况的汇总可以看出，2015—2018 年期间，人工智能+金融行业备受资本青睐，融资事件数相对稳定，融资总金额增速持续上涨，创业公司表现良好，资本持续投入；2019 年之后，资本持续向优质标的汇聚。从近几年人工智能+金融细分赛道融资情况看，包含整体解决方案的大数据服务和智能风控是获得融资的人工智能+金融的重点方向，人工智能+金融具有巨大发展空间。

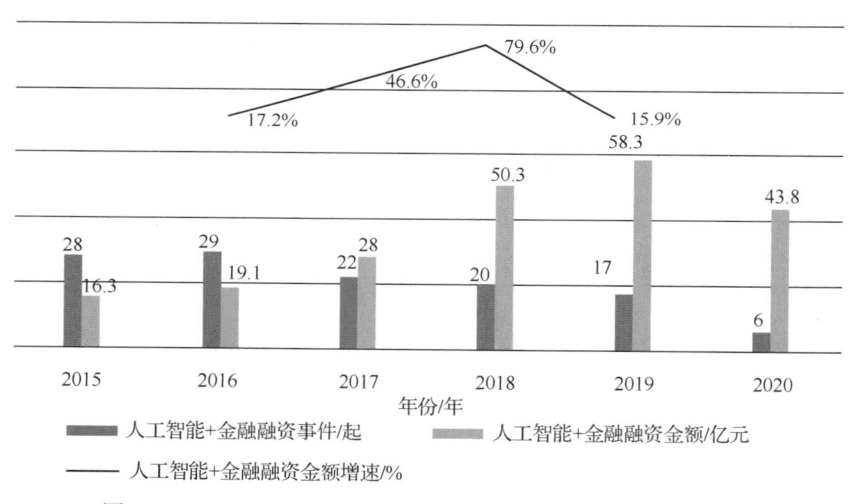

图 4.3　2015—2020 年国内人工智能+金融市场融资情况

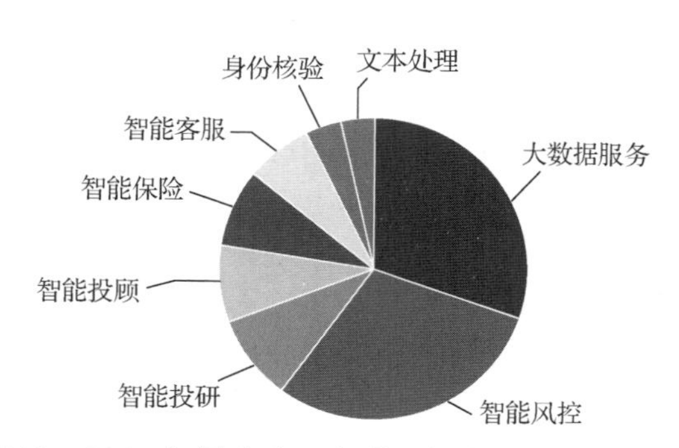

图 4.4　2015—2020 年国内人工智能+金融细分领域融资分布情况

4.2.2 应用场景

如何真正让技术“可实现、易落地”，金融行业一直在探索实践中。中国工商银行 2017 年便成立了包括人工智能在内的七大创新实验室，2018 年又建立了人工智能平台，可以实现自主构建覆盖营销、反欺诈、审批、贷后管理、运营等全生命周期的人工智能业务场景应用。2019 年，广西北部湾银行与神州信息联合进行“基于知识图谱技术的商业银行智慧服务治理应用研究”课题，构建出了金融服务知识图谱模型。在这套模型指导下，可以快速了解整个银行业务和服务治理的标准，轻松解决系统重复建设、知识欠缺等难题。360 金融在智能获客、智能营销、智能风控及智能催收等方面开展了人工智能实践。据介绍，360 金融智能风控自动化过件率达 97%，其中，地址热力图和复杂关系网络系统发挥了支撑作用。地址热力图，即依托于地图的底层数据，通过对城市中单位范围所包含的设备接入数量进行颜色标示、升维等操作，将多种变量结合起来，进而形成依据每个点的国内生产总值（GDP）信息综合分析，判断出客户风险的大小。

人工智能正在对金融产品、服务渠道、服务方式、风险管理、授信融资、投资决策等带来新一轮的变革。人工智能在金融业的应用，主要集中在智能风控、智能营销、智能客服、智能投顾、欺诈检测、智能投研、智能保险、智能监管及身份识别定义等多个场景。

1. 智能风控

人工智能在金融领域的一个常见应用场景是对金融行业特别重要的风控，“人工智能+风控”这一组合被认为是人工智能在金融领域中最有想象力的环节。在传统风控环节中，存在信息不对称、成本高、时效性差、效率低等问题，难以满足个人消费旺盛引发的信贷增长需求。而风控引入智能科技后，贷前审核、贷中监控和贷后管理等环节都能提高金融科技产品质量及服务效率。智能风控还能促进风险管理差异化和业务人性化。

2. 智能营销

智能营销通过机器学习、自然语言处理及知识图谱等相关技术，对数据处理、内容投放以及效果监测等营销关键环节进行赋能，优化投放策略，增强投放针对性。通过分析用户数据并聚类用户特征，做到“千人千面”的智能推送。其核心为帮助营销行业节约成本、提高效率、挖掘更多营销渠道。

智能营销有以下两个重要特征。

（1）高效。智能营销不仅大大缩短了营销链路，还能利用智能化的技术快速收验和迭代，然后以最快的速度去引爆智能上的一些诉求。

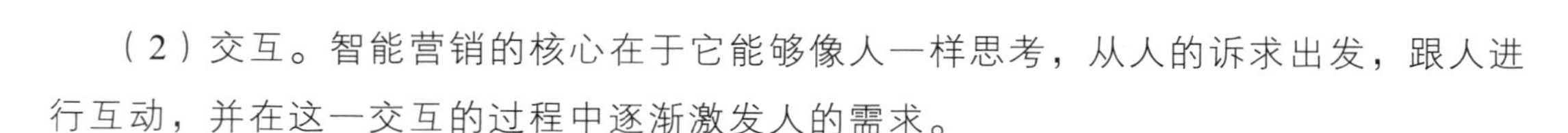

（2）交互。智能营销的核心在于它能够像人一样思考，从人的诉求出发，跟人进行互动，并在这一交互的过程中逐渐激发人的需求。

3. 智能客服

在金融服务诸多环节中，智能客服的应用是最广泛的。技术上，智能客服依托于自然语言理解、语音识别等技术打造智能问答系统。以交通银行为例，2015年年底，该行推出国内首个智慧型人工智能服务机器人“娇娇”，目前其已在江苏、广东、上海、重庆等省、市的营业网点上岗。该款机器人采用了全球领先的智能交互技术，交互准确率达95%以上，是一款真正“能听会说、能思考会判断”的智慧型服务机器人。早在2017年，蚂蚁金服首席数据科学家漆远就说支付宝智能客服的自助率已经达到96%～97%，智能客服的解决率达到78%，比人工客服的解决率还高出3个百分点，在“双11”等流量爆发的场景下，智能客服系统的应用能够节省一半以上的人力。2022年，厦门国际银行手机银行4.0全新版本引入智能客服机器人，利用声纹识别、语音识别、语义分析等人工智能技术，提供7×24小时全天候实时智能应答服务。

智能客服在电话场景当中主要表现为机器管理和语音问答分析，还有一种是文本机器人，主要应用在搜索方面。人工智能通过深度学习文本中的对话、语音对话，再针对线上的场景加以应用。据了解，平安银行该部分的人工替代率超过80%，也就是80%以上语音客服将不再需要用人工处理；通过智能客服，平安银行在过去两三年服务量提升了2～3倍，客服的人力工作量降低了40%。

4. 智能投顾

智能投顾技术上依托于智能算法，分析用户的风险偏好和财务状况，根据投资组合理论来提供个性化理财方案。2016年11月16日，浦发银行基于其手机银行上线“财智机器人”平台。“财智机器人”依托人工智能大数据和云计算等技术，结合投资者的理财目标、财务状况、风险偏好，为投资者提供组合资产配置建议。2016年年底，智能投顾产品“摩羯智投”在招商银行手机App上线，由此，智能投顾开始逐渐从实验性技术转变为主流趋势，成为银行、券商、保险等金融机构的标配型服务。城市商业银行中，江苏银行早在2017年8月就推出了“阿尔法智投”。2017年8月7日，江苏银行在其手机银行中上线具有投资+融资一体化的智能投顾模块，涉及基金、理财、贷款、保险等多种类型产品，成为国内首个具有“投资+融资”功能的智能投顾平台。

5. 欺诈检测

基于支付欺诈的攻击越来越复杂，并且通常具有完全不同的数字足迹或模式、序列和结构，这使得仅使用基于规则的逻辑和预测模型无法检测到它们。人工智能为打击支付欺诈带来了规模和速度的提升，为数字企业提供了应对众多风险和欺诈形式的直接优势。人工智能从有监督的机器学习中解释基于趋势的见解能力，加上从无监督的机器学习算法中获得的全新知识，正在减少支付欺诈的发生。通过结合这两种机器学习方法，人工智能可以识别给定的交易或一系列金融活动是否具有欺诈性，如果判断金融活动具有欺诈性，人工智能会立即向欺诈分析师发出警报，并通过预定义的工作流采取行动。80%使用基于人工智能平台的防欺诈专家认为，该技术有助于减少误报、支付欺诈和防止欺诈企图。同时，基于人工智能的欺诈预防在减少退款方面非常有效。63.6%使用人工智能的金融机构认为，它能够在欺诈发生之前预防欺诈，这使得它成为最常用的工具。根据 PYMNTS（著名在线支付行业媒体）与 Brighterion 公司合作出版的《人工智能创新行动手册》，人工智能在打击欺诈方面证明是非常有效的。研究发现，资产超过 1000 亿美元的金融机构中有 72.7%的公司目前正在使用人工智能进行支付欺诈检测。

4.2.3 发展总结

从 2019 年人工智能应用层的专利申请数量来看，人工智能+金融板块遥遥领先。由此可见，大量人工智能企业对人工智能在金融领域的落地保持了强大的技术关注度。未来几年，现有的人工智能+金融落地应用场景将更加成熟，新的落地场景也会被逐步探索，且相应的技术落地成本会下降。基于技术落地能力的成熟和成本的下降，预计未来几年人工智能+金融整体市场也将出现高速增长。

4.3 人工智能+医疗

医疗领域是人类关注的核心领域之一，涉及疾病诊断、治疗方案、药物研发等重要方面。然而，传统医疗体系面临着诸多挑战，如医疗资源不均衡、医疗服务效率低下、疾病预防与管理困难等。随着人工智能技术的快速发展，它为医疗领域提供了新的解决思路和机会，正在推动医疗行业的转型与创新。

人工智能与医疗的结合具有重要的研究意义和实际应用价值。首先，人工智能在医疗领域能够提供准确、高效的诊断和治疗支持，帮助医生提高诊断准确性和治疗效果，改善患者的生存率和生活质量。其次，人工智能技术推动精准医疗的发展，通过个体化风险评估和个性化治疗，为患者提供更精准、有效的医疗服务。此外，人工智能技术可以提供智能辅助决策和临床决策支持，帮助医生做出更客观、全面的医疗决策，提高医疗质量和安全性。最后，人工智能与医疗的结合还能够促进医学科研的发展，通过分析大规模的医学数据和研究结果，加速新药研发和疾病治疗方法的创新。

因此，人工智能与医疗的结合对于推动医疗行业的转型与创新、提高医疗服务的准确性和效率，以及改善患者的治疗结果和生活质量具有重要意义。

4.3.1 发展背景

2022 年 7 月 12 日，国家卫生健康委员会发布《2021 年我国卫生健康事业发展统计公报》。据统计公报数据，至 2021 年年末，全国医院数量 3 万多个，三级医院 3000 多个，民营医院 2 万多个。我国三级医院主要集中在北京、上海、广州等大城市，中小城市医疗资源相对不足。截至 2021 年年末，我国共有卫生技术人员 1000 多万人，其中执业（助理）医师 400 多万人，注册护士 500 多万人。而全年医疗卫生机构总诊疗人次为 84.7 亿，医疗供给也存在较大压力。在此背景下，人工智能凭借其智能化、自动化的特点，在医疗影像、辅助诊断、药物研发、健康管理等多个应用场景下拥有广阔的发展空间。

在政策方面，《国务院关于积极推进“互联网+”行动的指导意见》和《新一代人工智能发展规划》等文件中提出，推进“互联网+”人工智能应用服务，研发基于人工智能的临床诊疗决策支持系统，开展智能医学影像识别、病理分型和多学科会诊以及多种医疗健康场景下的智能语音技术应用，提高医疗服务效率；加强临床、科研数据整合共享和应用，支持研发医疗健康相关的人工智能技术、医用机器人、大型医疗设备、应急救援医疗设备、生物 3D 打印技术和可穿戴设备等。计划到 2025 年，新一代人工智能在智能医疗领域得到广泛应用，推进智能医疗，推广应用人工智能治疗新模式、新手段，建立快速、精准的智能医疗体系。国务院于 2017 年发布的《新一代人工智能发展规划》提到需要推广应用人工智能治疗新模式、新手段，建立快速、精准的智能医疗体系。2018 年，政府要求人工智能向基层领域自上而下渗透，进一步明确了在医疗影像、智能服务机器人等细分行业发展的目标与大方向。2021 年 7 月，国家药品监督管理局发布《人工智能医用软件产品分类界定指导原则》，明确人工智能医用软件产品的类别界定：用于辅助决策，按照第三类医疗器械管理目前已有四十余款人工智能类产品获批上市。

在市场方面，人工智能医疗行业处于成长期，市场规模增长快，资本热度高。近年来，我国人工智能医疗领域投资融资项目数量增长较快，热度提升明显，且大部分企业融资轮次较为靠前，整个行业处于成长期。根据 IDC 数据，预计到 2025 年全球人工智能应用市场总值将达 1270 亿美元，其中全球人工智能医疗处于高速成长期，占人工智能市场 1/5。我国人工智能产业发展快速，自 2018 年人工智能应用于基因测序以来，人工智能医疗的商业化模型逐步形成；2019 年后，人工智能医疗以 40%～60% 的增速快速发展；如今我国人工智能医疗核心软件市场规模接近 30 亿元，加上带有重资产性质的人工智能医疗机器人，总体规模接近 60 亿元。

在技术方面，随着医疗领域的数字化进程提速，医疗大数据产业在政府引导下通过市场运作方式为医疗的发展提供动能。作为新基建的重要组成部分，我国大力推动大数据产业的发展，目前已规划建设多座国家数据中心助力大数据产业发展。在医疗数据领域，2019 年我国已将福建省、江苏省、山东省、安徽省、贵州省、宁夏回族自治区的国家健康医疗大数据中心与产业园建设为国家试点，为医疗大数据的发展提供基础设施保障。同时，随着语音识别、计算机视觉及自然语言处理等人工智能算法应用的成熟度逐渐提升，人工智能技术在医学影像领域快速发展，凭借其强大的影像识别能力，帮助医生提高诊疗效率，市场需求量大，发展场景广阔。在肺结核领域，我国已有依图科技、图玛深维等多家企业能够提供智能 CT（computerized tomography，计算机断层成像）影像筛查服务，并自动生成病例报告，可帮助医生快速检测，提高诊疗效率。2012—2020 年，在医学文献中使用到的热门机器学习算法和深度学习算法包括：支持向量机（38%），主要应用于识别成像生物标志物和医疗影像分析；神经网络（34%），主要应用于生化分析、图像分析和药物开发；逻辑回归（4%），主要用于疾病风险评估和临床决策支持系统（clinical decision support system，CDSS）。人工智能医疗整体底层技术较为成熟，应用端准备充分。

4.3.2 应用场景

1. 人工智能+医疗影像

人工智能+医疗影像是指将人工智能技术应用于医疗影像诊断中。现代医学建立在循证医学的基础之上，医疗影像是临床医生一项重要的诊断依据，主要对患者的影像资料进行定性和定量分析、不同阶段历史比较等。目前，人工智能医疗影像已成为我国人工智能医疗领域最为成熟的细分领域。

具体而言，医学影像诊断主要依托图像识别和深度学习这两项技术。依据临床诊断路径，首先，将图像识别技术应用于感知环节，对非结构化影像数据进行分析与处理，提取有用信息；其次，利用深度学习技术，将大量临床影像数据和诊断经验输入人工智能模型，对神经元网络进行深度学习训练；最后，基于不断验证与打磨的算法模型，进行影像诊断智能推理，输出个性化的诊疗判断结果。

人工智能主要解决以下 3 种影像需求。

（1）病灶识别与标注。针对 X 射线、CT、磁共振成像（magnetic resonance imaging，

MRI）等影像进行图像分割、特征抽取、定量分析和对比分析，识别与标注病灶，帮助医生发现肉眼难以发觉的病灶，降低假阴性诊断发生率，提高医生诊断效率。

（2）靶区自动勾画与自适应放疗。针对肿瘤放疗环节进行影像处理，帮助放射科医生对200～450张CT影像进行自动勾画，时间缩短到30min/套；在患者15～20次上机照射过程中不断识别病灶位置变化以达到自适应放疗，减少射线对病人健康组织的辐射与伤害。

（3）影像3D重建。基于灰度统计量的配准算法和基于特征点的配准算法解决断层图像配准问题，可以有效节约配准时间，在手术环节有重要应用。

贵州省人民医院自2019年便开始接触人工智能技术，尤其对医学影像人工智能的应用有着深刻的认识，并与影像智能化解决方案提供商北京医准智能科技有限公司达成合作，引入医准智能乳腺X线智能辅助分析系统，助力乳腺影像的分析与诊断，有效助力我国两癌筛查，尤其是乳腺癌筛查的能力建设。

2020年，四川大学华西医院以深度学习图像处理方法为基础，对6770例受检者的正位胸部X射线影像进行分析，收集包括体外异物、体内异物、体位不正等情况，对胸部X射线影像进行标注与训练，开发出了一套能实现辅助拍片功能的智能质量控制系统。

2. 人工智能+辅助诊断

目前在辅助医疗方面，人工智能已经形成了一些实质性应用，手术机器人和医疗机器人就是比较活跃的尝试。手术机器人已经在胃肠外科、泌尿、妇科和心外科等外科手术中渗透与应用。手术机器人通过高分辨率3D立体视觉以及器械自由度，在狭小的手术空间内提供超越人类的视觉系统、更大的操作灵活性与精准度，降低腹腔镜手术的难度，增强手术效果。美国直觉外科公司（ISRG）的“达·芬奇手术机器人”已被美国食品药品监督管理局批准用于泌尿外科、妇科、心胸外科、腹部等外科手术。

人工智能技术还可用于临床辅助决策。CDSS相当于一个不断更新的医学知识库，是基于人机交互的医疗信息技术应用系统，通过数据和模型辅助医生完成临床决策。CDSS的使用场景涵盖诊前决策、诊中支持和诊后评价全流程，帮助临床医生做出最为恰当的诊疗决策，提高诊断效率与诊断质量。目前，世界上绝大多数CDSS都由三个部分组成，即知识库、推理机和人机交流接口部分，其中庞大、可靠的临床知识库是CDSS的行业壁垒。目前大部分企业的知识库都难以满足医生的临床需求。而由于医院内部系统之间的信息隔离，大多数CDSS与医生临床工作脱节，导致CDSS的决策方式与医生的决策习惯相悖，降低了临床医生的使用积极性。一个完整的临床知识库应当包含各种最新临床指南、循证医学证据、医学文献、医学辞典、医学图谱计算工具、大量电子病历等海量数据，还应当交互良好，方便临床医生从数据库获取信息。此外，数据库必须是开放的、动态更新的。对于第三方信息化企业来说，行业壁垒较高。

3. 人工智能+药物研发

人工智能因其算法和算力优势，在新药研发流程中应用于多个环节，帮助解决新药研发的三大痛点。人工智能的优势主要体现在发现关系和计算两个方面。

在发现关系方面，人工智能具有语言处理、图像识别和深度学习能力，能够快速发现不易被专家发现的隐藏的药物与疾病的连接关系及疾病与基因的连接关系等，通过对数据进行深度挖掘与分析，构建药物、疾病与基因之间的深层关系。

在计算方面，人工智能以其强大的算力，可以对候选化合物进行虚拟筛选，更快筛选出活性较高的化合物，平均可节省40%～50%的时间，年均节约260亿化合物筛选成本。

美国硅谷公司Atomwise通过IBM超级计算机，在分子结构数据库中筛选治疗方法，评估出820万种药物研发的候选化合物。2015年，Atomwise基于现有的候选药物，应用人工智能算法，在不到一天时间内成功地寻找出能控制埃博拉病毒的两种候选药物。

2021年发表在《自然-生物医学工程》（*Nature Biomedical Engineering*）期刊上的论文提出了一种实用的抗菌肽设计方法，该方法将人工智能和深度学习生成自编码器模型与经典的计算机分子模拟相结合。这些方案的应用在短短48天内就发现两种具有广谱抗菌作用的新型抗菌肽，达到了前所未有的效率。

4. 人工智能+健康管理

人工智能+健康管理是将人工智能技术应用到健康管理的具体场景之中，通常与互联网医疗紧密结合，被视为互联网医疗的深化发展阶段。目前，人工智能技术主要应用于风险识别、虚拟护士、精神健康、移动医疗、可穿戴设备等健康管理领域（见图4.5）。

风险识别

识别疾病发生风险，提供降低风险建议

虚拟护士

对患者进行个性化护理，协助其个人生活

精神健康

识别用户情绪与精神状态

移动医疗

在线问诊与慢病管理等服务

可穿戴设备

以终端硬件为基础，多维数据采集与分析

图4.5 人工智能在健康管理领域的应用

其应用价值主要体现在以下三个方面。

（1）通过智能终端进行多维度的健康数据采集，提升数据应用价值。

（2）将健康管理前置到预防阶段。

（3）构建医疗数据生态的重要环节。

4.3.3 发展总结

“以患者为核心、切实满足医生临床工作需求”的核心理念正在逐渐成为智能医疗行业共识，人工智能医疗产品正在向覆盖多病种、深入应用场景的方向发展。可以预见，人工智能医疗大规模落地应用的时代即将来临。未来人工智能将持续在医疗健康领域发力，优化医疗机构管理水平，提升医疗诊疗效率，提高医疗和服务水平，增强医疗创新研究能力，实现与医疗产业全生态的横向拓展及纵向深度融合。

4.4 人工智能+农业

农业作为人类生活的基本产业，承载着粮食安全、农村发展和生态环境保护等重要使命。然而，传统农业面临着人力成本高、资源利用不均衡、生产效率低等问题。随着人工智能技术的快速发展，将其应用于农业领域，可以为农业生产带来新的机遇和挑战。

人工智能与农业的结合具有重要的研究意义和实际应用价值。首先，通过提供精确的农业决策支持，人工智能可以帮助农业生产实现智能化管理，提高生产效益和可持续性。其次，应用人工智能技术可以提升农业生产力和产品质量，实现农作物的自动化种植和采摘，增加农产品的附加值和市场竞争力。此外，人工智能技术对于推动农业科研的发展和创新具有重要意义，帮助发现新的农业生产模式和技术，促进农业科技的进步和农业可持续发展。最后，人工智能与农业的结合还能够促进农村经济的发展和农民收入的增加，推动农村地区的脱贫与发展。

因此，人工智能与农业的结合为农业生产带来新的机遇，对于提高农业效益、保障粮食安全、促进农村发展和推动农业可持续性具有重要意义。

4.4.1 发展背景

农业既是主要产业，也是经济支柱之一。由于存在气候变化、人口增长和粮食安全等因素，因此农业需要更多创新方法来提高作物产量。早在20世纪70年代，人工智能技术就开始在农业领域内初步应用，但由于人工智能技术在农业领域的应用尚未成熟，总体发展缓慢。近年来，人工智能技术开始在工业领域所发挥出的巨大效能，让农业看到了新的变革机会。人工智能技术稳步崛起，相关应用逐渐渗入农业生产全过程。其中，机器学习、计算机视觉、大数据分析和云计算等技术应用最为广泛。

在政策方面，2016年7月，在国务院印发的《“十三五”国家科技创新规划》中，人工智能被作为新一代信息技术中的一项列入规划。2017年3月，“人工智能”首度被列入政府工作报告。2017年7月20日，国务院又下发了《新一代人工智能发展规划的通知》。2017年11月，在印发的《新一代人工智能发展规划》中曾提出，人工智能下一步发展将与各行业融合创新，在农业方面，未来将研制农业智能传感与控制系统、智能化农业装备、农机田间作业自主系统等，建立完善天空地一体化的智能农业信息遥感监测网络，大力发展智能农场、果园、加工车间等绿色智能供应链集成应用示范。可以预计，我国人工智能技术在农业领域的应用将迎来快速发展。2020年，农业农村部、中央网络安全和信息化委员会办公室联合印发了《数字农业农村发展规划（2019—2025年）》，提出了3个关键性指标，即农业数字经济占农业增加值比例由2018年的7.3%提升至2025年的15%，农产品网络零售额占农产品总交易额比例由2018年的9.8%提升至2025年的15%，农村互联网普及率由2018年的38.4%大幅提升至2025年的70%。2022年，中华人民共和国国家发展和改革委员会（简称发改委）等五部门联合印发《2022年数字乡村发展工作要点》，部署了30项重点任务，其中，大力推进智慧农业建设被列入重点任务之一。

在技术方面，智慧农业基于传感器和卫星等技术提供的有效的视听数据，机器学习有望帮助增加作物产量（即繁殖能力），减少肥料和灌溉成本，协作作物和牲畜疾病的早期检测，降低劳动力成本，帮助收获后进行分类物流，进入市场。

在市场方面，目前我国已进入加快推进农业现代化发展的新阶段。随着如今消费者对环境、食品的绿色化、健康化要求不断提高，建立可溯源的农产品生产机制势必成为农业发展的新趋势，即如何通过数据收集，记录农产品的成长轨迹，使产品更绿色、更健康。农业智能化就是各大互联网、科技巨头相互竞争的下一个竞技场，阿里云、京东、腾讯的进场，让这一领域的发展速度进一步加快。电商平台为智慧农业添了一把干柴。中商产业研究院的《2023年中国智慧农业行业市场前景及投资研究预测报告》显示，2021年我国智慧农业市场规模约为685亿元。根据前瞻产业研究院预测，智慧农业市场规模将会维持中高速发展，2022年我国智慧农业市场规模为754亿元，以复合年均增长率10%初步测算，预计2027年将会达到1214亿元。图4.6为2022—2027年我国智慧农业市场规模及预测。

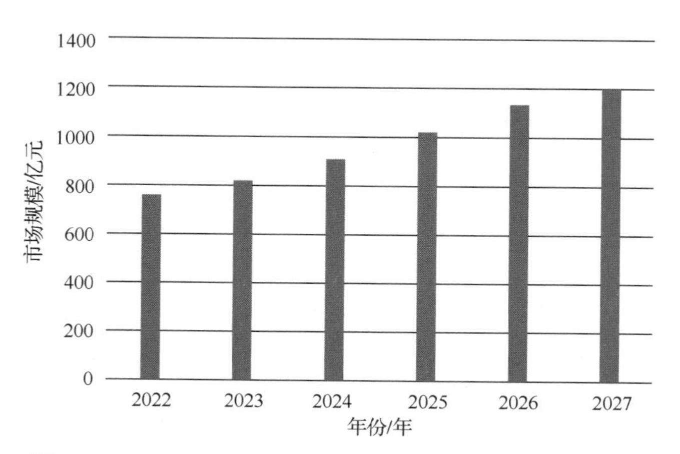

图 4.6 2022—2027 年我国智慧农业市场规模及预测

4.4.2 应用场景

智慧农业目前主要的应用场景：从领域来看，以农业领域为核心（涵盖种植业、林业、畜牧水产养殖业、产品加工业等子行业），逐步扩展到相关上下游产业（饲料、化肥、农药、农机、仓储、屠宰业、肉类加工业等），并需整合宏观经济背景数据，包括统计数据、进出口数据、价格数据、生产数据、气象与灾害数据等；从地域来看，以国内区域数据为核心，借鉴国际农业数据作为有效参考，不仅包括全国层面数据，还应涵盖省市数据，甚至地市级数据，为区域农业发展研究提供基础；从广度来看，不仅包括统计数据，还包括涉农经济主体基本信息、投资信息、股东信息、专利信息、进出口信息、招聘信息、媒体信息、地理空间坐标信息等；从专业性来看，应分步构建农业领域的专业数据资源，进而逐步有序规划专业的子领域数据资源。

具体来说，农业领域人工智能的应用主要依托于科技公司的技术驱动，通过采用人工智能算法、模型以及农机智能装备等实现农业信息的智能采集、加工和处理，并最终用于指导农业生产、提升农业生产效率及保障农产品质量。从技术分类来看，农业领域人工智能应用主要包括农业计算机视觉、农业语音识别、农业机器人和专家系统等。从应用阶段来看，农业领域人工智能应用包括产前的土壤墒情分析、灌溉用水分析和品种选育鉴别等，产中的精细化管理、生产作业管理（如灌溉、插秧、除草、采收、病虫害防治和产量预测）等，产后的农产品品质鉴定、等级分级分类和仓储物流等。目前，我国以技术、资金和产业链为主导的新型或大型农业人工智能服务平台已初具规模，开始为农业不同产业领域提供全产业链的人工智能服务。智慧农业如今出现的实际应用有如下几类。

1. 农业计算机视觉应用

计算机视觉在农业中关键的好处之一是它能够自动完成耗时、劳动密集型的任务。随着传感器系统和执行器的进一步完善，计算机视觉系统将逐渐可以用于管理水果采摘、作物控制、收获和一系列其他任务。农业工作者的作用主要体现在监督能力上，用以帮助进一步优化计算机视觉系统。

基于 FPGA（field programmable gate array，现场可编程门阵列）芯片、专用视觉处理芯片等嵌入式处理模块和多技术融合的计算机视觉系统将成为未来人工智能的主要发展趋势，以卷积神经网络为代表的深度学习模型也将成为图像识别的核心技术，并将极大地改善计算机视觉在农业应用中存在的诸多问题，例如可将农业人工智能技术应用于对水稻、棉花、黄瓜、草莓和马铃薯等不同作物病虫害的诊断，或是利用人工智能模型完成对核桃无损检测分类、茶叶质量评估、奶酪质量等级分类、根据作物叶片自动识别杂草、对果树上的果实进行识别计数以及成熟度鉴别等人工很难胜任的工作。

在种子和果实分级检测中，利用计算机视觉技术可以对获取的种子图像进行基本的几何测量，获得形状、长宽比、面积等参数，进而区分种子的类别，完成优质种子与霉变、有缺陷种子之间的筛选工作。在杂草和虫害监测中，加州大学戴维斯分校的研究人员开发了一个自动除草系统，通过使用计算机视觉系统的检测和 X 射线清除番茄茎附近生长的杂草，改善了番茄生长条件。而利用计算机视觉技术快速识别农作物和虫害分布、自动进行最佳喷洒用药的剂量和路径规划，可以提高 90%的除虫害效率。在重型农机设备自动化中，计算机视觉可以大大增强现有的农业设备工作效率，并广泛用于一些重型农用机械设备的自动化升级，例如我国目前茶叶采摘和用工的矛盾已经成为茶叶产业发展的瓶颈，而利用计算机视觉系统识别茶树嫩芽并实现定位采摘的方法，不仅可以保证叶片的完整性，还可以使整个采摘过程完全自动化，节省大量的人力和物力。

但是，目前我国农业计算机视觉应用的实时性和准确性还较低，现有算法及模型的计算成本较高，对设备性能要求苛刻，同时缺乏农业计算机视觉专用算法、芯片及配套设备。因此，必须重视并加强农业计算机视觉芯片及智能化装备的研究与开发。

2. 农业机器人应用

农业机器人可应用于信息采集、施肥、除草、嫁接、采摘和分拣等多种生产场景，解决传统人工在特殊场景中无法作业的难题。但是，农业机器人的应用需要与农耕方式相适应才能发挥其准确性和高效性。我国农业种植多采用作物轮作耕种，不同作物种类、耕作方式并存，降低了农机作业的适用范围。因此，除了研究通用的农业机器人技术之外，还应建立不同农作物的区域性标准耕作方式，并以此为标准设计研发配套的系列农业机器人。另外，精确定位技术是进行自动导航的农业机器人执行巡检任务的基础，相较于其他应用于生产、生活领域的机器人，其作业环境更加复杂且易受光照、杂草等自然条件的影响。因此，农业机器人在应用过程中，还需要结合计算机视觉、激光雷达、语音识别和农业专家系统等多种技术，进行多任务协同作业。

我国已经有一些农业机器人投入使用，例如 Root AI 公司的采摘机器人可以在高度混乱和复杂的生长环境中运行，实时检测种植的蔬果是否成熟并做好采摘的准备工作；FarmWise 智能自主机器人可用来解决农田中的杂草问题，为农民节省工作时间和金钱，并为消费者提供更健康的农产品；TerraSentia 农作物监测机器人可以在植物自主导航和基于计算机视觉的分析下进行数据收集，收集田地中植物的数据和各项性状分析等。

3. 农业专家系统应用

作为一个解决实际问题的计算机系统，农业专家系统将解决农业生产中的困难。该类系统主要为某个单品农作物或牲畜服务，如大豆专家系统、肉牛专家系统或智能灌溉系统等。伴随着人工智能技术的不断发展，农业专家系统也需要进行改进升级。目前，我国已将深度神经网络模型应用于不同的农业专家系统中，如灌溉用水分析系统、河流径流量、玉米产量、模拟育种及作物营养水平预测等。相对于人工诊断而言，专家系统对于某些问题的判断更加准确、高效，但它也存在知识获取难、处理复杂问题耗时较长等缺点，而且对于生产数据的采集和录入等都有较高要求，因此，农业从业者的知识水平、农业信息化基础设施建设情况成了影响其应用的主要因素。未来的农业专家系统，应借助农业人工智能技术，实现更加“傻瓜”的操作方式，出具更加“智慧”和通俗易懂的诊断说明以使其更好地服务于农业生产。

广西芒果电脑农业专家系统是基于农业专家知识和模仿农业专家进行推理决策的计算机程序系统，该系统在芒果主产区右江河谷的百色、田阳进行示范试验，建立中心示范片 0.2 万 hm^2，辐射 0.66 万 hm^2，经专家组进行测产验收，中心示范区平均公顷产量 16065kg，比对照区增产 21%，优质果率超过 61%，有效地提高了芒果生产的科技含量，增加了产量，提高了品质，降低了成本，增加了效益。

4.4.3 发展总结

智慧农业是数字中国建设的重要内容。加快发展智慧农业，推进农业、农村全方位全过程的数字化、网络化、智能化改造，将有利于促进生产节约、要素优化配置、供需对接、治理精准高效，有利于推动农业农村发展的质量变革、效率变革和动力变革，更好服务于我国乡村振兴战略和农业农村现代化发展。

4.5 人工智能+交通

交通是现代社会的重要组成部分，直接关系到人们的出行、城市发展和经济运行。然而，传统交通系统面临交通拥堵、交通事故、能源消耗等问题，给人们的生活和城市运行带来了许多挑战。随着人工智能技术的迅猛发展，将人工智能应用于交通领域，可以为交通运输带来新的机遇和解决方案。

人工智能与交通的结合具有重要的研究意义和实际应用价值。首先，通过智能化的交通管理和调度，人工智能可以优化交通流量，减少交通拥堵，提高道路利用效率，从而提升出行效率和城市运行效果。其次，应用人工智能技术可以提升交通安全性，预测和预防交通事故，降低交通事故风险，保障交通参与者的生命安全。此外，人工智能的智能驾驶技术也能够推动交通的自动化和智能化发展，实现绿色低碳交通目标。人工智能与交通的结合还能够推动城市规划和交通基础设施的优化，通过数据分析和决策支持，为城市规划者提供科学决策依据，促进城市交通的可持续发展。最后，人工智能技术在交通领域的应用还能够提供个性化出行服务，推动多模式交通的发展，为人们提供更便捷、智能的出行体验。

因此，人工智能与交通的结合对于改善交通运输效率、增强交通安全性、促进城市规划和推动交通可持续发展具有重要的意义和潜在价值。

4.5.1 发展背景

从 2015 年开始，我国政府持续出台相关政策法规推进智慧交通行业快速发展，以匹配现代化经济体系的建设需求，为全面建成社会主义现代化强国提供重要基础支撑。一系列政策法规的出台，都给智慧交通行业的发展带来比较好的政策环境。随着行业发展水平不断提升，智慧交通行业将更进一步发挥“新基建”的重要支撑作用。据了解，2017 年以来，发改委基础司频繁调研智能交通，具体内容涉及电子不停车收费系统（Electronic Toll Collection System，ETC）、北斗系统交通行业应用、集装箱铁水联运信息化等多个方面。

在政策方面，2018 年中国交通运输部党组书记曾指出，要从“推动人工智能与基础设施建设深度融合”“推动人工智能与运输装备研发应用深度融合”“推动人工智能

与运输服务深度融合”“推动人工智能与行业治理深度融合”4个方面加快交通运输行业人工智能健康发展。

2020年以来，我国智慧交通相关政策更是频出，智慧交通基础建设成为行业发展重点。2021年9月，交通运输部发布的《交通运输领域新型基础设施建设行动方案（2021—2025年）》中提出重点发展智慧公路、智慧航道、智慧港口与智慧枢纽四大领域，其中也重点指出了我国智慧交通领域建设的重点工程，如智慧公路领域重点发展区域为京津冀、长三角与粤港澳大湾区等东部发达地区，同时统筹兼顾天山、秦岭隧道等西北地区交通建设；到2025年，我国将打造一批交通新基建重点工程，智能交通管理将得到深度应用；到2035年，我国交通基础设施数字化率将达到90%；到2050年，新技术在我国交通领域将得到广泛应用。

在技术方面，随着大数据、计算机视觉、语音识别与自然语言处理、深度学习及机器人技术等智能算法的成熟，人工智能技术可以广泛辅助交通运输行业进行智慧提升。深度学习作为机器学习中一种基于对数据进行表征学习的算法，通过对大量历史数据（如图像、文本和声音）进行识别与分析，从而替代人力完成自动化操作，以用于路况识别、高级驾驶辅助系统、路线规划等；语音识别与自然语言处理技术，使机器具备理解并解释人类语言的能力，是人工智能技术的核心组成部分，从语音识别到文本分析，再到信息检索、信息抽取，自然语言处理涉及处理文字、语音的各个方面，可以应用于车载娱乐系统、货物追踪系统等服务领域；基于图像处理的计算机视觉技术，是通过摄像机获取场景图像，并借助于计算机软件构建一个自动化或半自动化的图像/视频理解和分析系统，从而模仿人的视觉功能，以提供及时、准确的图像/视频处理结果。在交通运输行业中，计算机视觉技术可被应用于路况检测、安检扫描、流量监控、值机登记等；大数据分析技术可以通过对大量非结构化或结构化数据进行分析，利用算法探索数据间的未知联系和隐藏信息，从而帮助决策和判断。从运输设备的维护预测到运输过程中的路线优化、时间预测，这些服务或功能都离不开大数据技术的支持。

在产业方面，目前智慧交通各产业链均已成熟，涉及通信芯片、通信模组、终端设备、整车制造、软件开发、数据和算法提供以及高精度定位和地图等，在各方面都已形成竞争与合作共存的态势。

4.5.2 应用场景

随着交通卡口的大规模联网，伴随出现的是海量车辆通行记录信息。利用人工智能技术，可实时分析城市交通流量、调整红绿灯间隔、缩短车辆等待时间等，以提升城市道路的通行效率。

城市级的人工智能大脑实时掌握着城市道路上通行车辆的轨迹信息、停车场的车辆信息以及小区的停车信息，能提前半小时预测交通流量变化和停车位数量变化，合理调配资源、疏导交通，实现机场、火车站、汽车站、商圈的大规模交通联动调度，提升整个城市的运行效率，为居民的出行畅通提供保障。

1. 车牌识别

在智能交通领域，人工智能分析及深度学习比较成熟的应用技术以车牌识别算法最为理想。虽然很多厂商都宣称自己的车牌识别率已经达到 99%，但这只是在标准卡口的视频条件下再加上一些预设条件来达到的。在针对很多简易卡口和对卡口图片进行车牌定位识别时，较好的车牌识别也很难达到 90%。不过随着人工智能、深度学习的应用，这一情况将会得到很大的改善。

在传统的图像处理和机器学习算法研发中，很多特征都是人为制定的，如 HOG、SIFT 特征，它们在目标检测和特征匹配中占有重要的地位，安防领域中的很多具体算法所使用的特征大多是这两种特征的变种。人为设计特征和机器学习算法，从以往的经验来看，由于理论分析的难度大，训练方法又需要很多经验和技巧，一般需要 5～10 年的时间才会有一次突破性的发展，而且对算法工程师的知识要求也一直在提高。深度学习则不然，在进行图像检测和识别时，无须人为设定具体的特征，只需要准备好足够多的图像进行训练即可，通过逐层的迭代就可以获得较好的结果。从目前的应用情况来看，只要加入新数据，并且有充足的时间和计算资源，随着深度学习网络层次的增加，识别率就会相应提升，比传统方法表现得更好。

在停车场管理中，车牌识别技术也是识别车辆身份的主要手段。在深圳市公安局发布的《停车库（场）车辆图像和号牌信息采集与传输系统技术要求》中，车牌识别技术成为车辆身份识别的主要手段。车牌识别技术结合 ETC 识别车辆，过往车辆通过道口时无须停车，即能够实现车辆身份自动识别、自动收费。在车场管理中，为提高出入口车辆通行效率，车牌识别针对无须收停车费的车辆（如月卡车、内部免费通行车辆）开设无人值守的快速通道，免取卡、不停车的出入体验正在改变出入停车场的管理模式。

2. 车辆厂商标志识别

在车辆厂商标志识别方面，使用传统的 HOG、LBP、SIFT、SURF 等特征，采用支持向量机技术训练一个多级联的分类器来识别厂商标识很容易出现误判；采用大数据加深度学习技术后，车辆车标的过曝光或者车标被人为去掉等引起的局部特征会随之消失，其识别率可以从 89%提升到 93%以上。

3. 车辆检索

在车辆检索方面，车辆的图片在不同场景下会出现曝光过度或者曝光不足，或

者车辆的尺度发生很大变化，导致传统方法提取的特征会发生变化，因此检索率很不稳定。深度学习能够很好地获取较为稳定的特征，检索的相似目标更精确，检索率更高。

4. 交通信号系统

传统的交通灯使用默认时间转换灯色，虽然转换灯色的时间会根据数据每几年更新一次，但是随着交通模式发展，传统的交通信号系统很快就会过时。而人工智能驱动的智能交通信号系统则以雷达传感器和摄像头监控交通状况，然后利用先进的人工智能算法决定灯色转换时间，通过人工智能和交通控制理论融合应用，优化了城市道路网络中的交通流量。

5. 警用机器人

人工智能的警用机器人将取代交通警察，实现公路交通安全的全方位监控、全天候巡逻、立体化监管。2019 年 8 月 7 日上午，由邯郸市公安局主办、邯郸市公安交通警察支队承办的全国首创“机器人交警”上岗仪式在河北省邯郸市成功举办。公安部第一研究所、公安部交通管理局、公安部交通管理科学研究所也为机器人交警的顺利上岗给予了大力支持和专业指导，道路巡逻机器人交警、车管咨询机器人交警、事故警戒机器人交警等机器人交警正式上岗。机器人交警成为警队的新成员，为我国警用机器人事业发展注入了新动能。

6. 大数据分析

人工智能算法可以根据城市民众的出行偏好、生活方式、消费习惯等方面的大数据，分析出城市人流、车流的迁移规律及城市建设和公众资源的情况。这些分析结果可为政府决策部门进行城市规划，特别是公共交通设施的基础建设提供指导和借鉴。

7. 自动驾驶汽车

通过图像识别前方车辆、行人、障碍物、道路以及交通信号灯和交通标识，这项技术的落地应用将给人类带来前所未有的出行体验，重塑交通体系，并构建真正的智能交通时代。

资料显示，截至 2022 年 11 月 22 日，国家层面（国务院及其直属机构）及 18 个省级（含直辖市，下同）单位合计发布 79 项自动驾驶产业相关政策。同时，全国已有近 30 个城市累计为 80 多家企业发放了超过 1000 张智能网联汽车道路测试牌照，高等级智能网联汽车在特定场景、特殊区域已开展规模化载人载物测试示范，智能网联汽车产业化发展步伐进一步加快。

4.5.3 发展总结

公路交通安全防控体系涉及的核心技术包括交通行为监测、交通安全研判、交通风险预警、交通违法执法等方面，而这些技术现已与人工智能融为一体。实现公路交通运行状态“看得见”、车辆通行轨迹“摸得透”、重点违法行为“抓得住”、安全隐患事件“消得了”、路面协作联动“响应快”、交通信息应用“服务优”等目标，都离不开人工智能技术。

4.6 人工智能+教育

教育是社会进步和个人发展的关键领域，而传统教育模式面临一些挑战，如教育资源不均衡、个性化教育难以实现、评估方式单一等。同时，人工智能技术的快速发展为教育领域带来了新的机遇和解决方案。通过将人工智能技术应用于教育中，可以改变传统教学方式，提供个性化学习支持，以及优化教育资源的分配和评估方式。

人工智能与教育的结合对于教育领域具有重要的研究意义和实际应用价值。首先，人工智能可以根据学生的需求和能力，提供定制化的学习内容和路径，提高学生的学习效果和学习动力。其次，智能化的教学辅助工具和虚拟助教能够提供实时解答、学习建议和互动体验，增强教学效果和学习乐趣。此外，人工智能技术还能够优化教育资源的分配和评估方式，提高资源利用效率和教育质量。通过数据分析和挖掘，教育机构可以更准确地了解学生需求，合理配置教育资源。同时，智能化的学生评估工具能够提供个性化的学习反馈和指导，促进学生全面发展。最后，人工智能与教育的结合还能够推动教育创新和普及，通过在线教育平台和智能化的教育工具，实现教育资源的全球共享和教育机会的普惠化。

因此，人工智能与教育的结合为教育提供了新的可能性，将推动教育领域的进步和发展，实现教育公平与优质教育的目标。

4.6.1 发展背景

在政策方面，近年来，我国针对人工智能+教育领域出台了许多政策。《新一代人工智能发展规划》与《教育信息化 2.0 行动计划》的出台大力推进人工智能+教育领域的发展。人工智能已上升至国家战略级别，教育更是关乎国计民生的大事，人工智能+教育领域尚处红利期。2022 年 12 月，国际人工智能与教育会议在线上举行。国务院印发的《新一代人工智能发展规划》明确利用人工智能技术加快推动人才培养模式、教学方法改革；教育部出台《高等学校人工智能创新行动计划》，并先后启动两批人工智能助推教师队伍建设试点工作；中央网络安全和信息化委员会办公室（中央网信办）等八部门联合认定一批国家智能社会治理实验基地，包括 19 个教育领域特色基地，研究智能时代各种教育场景下智能治理机制；科技部等六部门联合印发通知，将智能教育纳入首批人工智能示范应用场景，探索形成可复制、可推广经验。

在产业方面，在线教育渗透率不断提升，教育数据量增长迅速，为人工智能技术的实施提供了数据基础。目前在线教育的体验及效果不佳，倒逼行业进行技术升级，人工智能解决方案将成为在线教育体验提升的主要途径。我国发展人工智能+教育具备良好基础和独特优势。例如，语音识别、视觉识别等技术世界领先；国家智慧教育平台汇集了海量的数据资源，2.91 亿在校学生和 1844.37 万专任教师展现出丰富的应用需求；教育领域数字化基础条件全面提档升级，全国中小学（含教学点）互联网接入率达到 100%，99.5%的学校拥有多媒体教室，学校配备的师生终端数量超过 2800 万台。

在技术方面，互联网基础设施全面普及，在大数据、云计算和 5G 等支持性技术不断成熟的背景下，数据量和算力将获得进一步提升，人工智能技术有望实现突破。

在市场资本方面，教育行业巨头纷纷布局，知名投资机构频频出手，融资规模超百亿，融资阶段覆盖天使轮至首次公开发行（initial public offering，IPO），人工智能+教育领域迎来“投资热”，如图 4.7 所示。在线教育行业被按下“快进键”，资金纷纷涌入在线教育领域。2020 年，我国在线教育行业投融资事件共 111 起，总金额高达 539.3 亿元。从区域分布角度来看，在线教育行业资源聚集效应明显，一线城市在线教育获投项目占比较高。

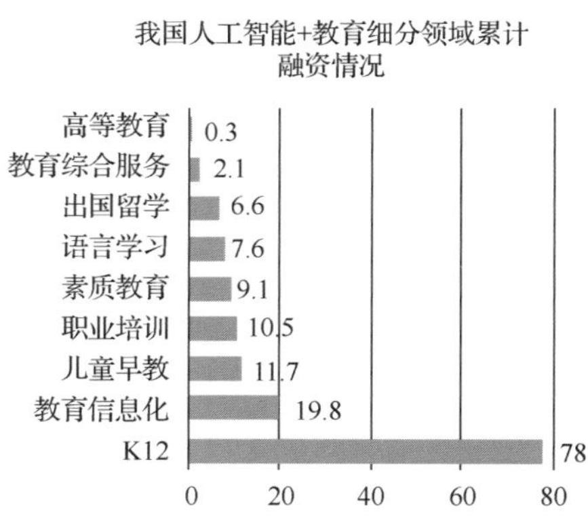

图 4.7　我国人工智能+教育发展形势

4.6.2 应用场景

人工智能+教育在现实中有很多应用场景，如图 4.8 所示。可以看到，从面向教育者到面向受教育者，人工智能在教学、管理、学习和考试等一系列教育环节都能发挥实际作用。

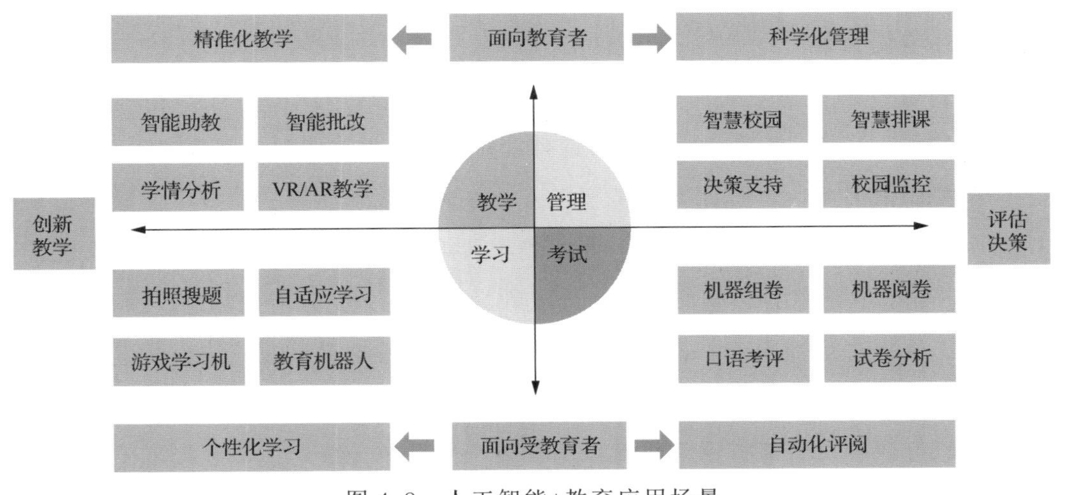

图 4.8 人工智能+教育应用场景

1. 精准化教学

自适应学习并非一个新概念。在教育语境下，任何考虑并满足学习者个人需求的教学形式都可以被称作“自适应”学习。在人工智能+教育语境下，“自适应”学习则是借助人工智能自适应技术的学习系统，该系统为学习者创设一种符合其多样化学习需求的学习环境，推荐给学习者个性化的学习内容、独特的学习路径、有效的学习策略，满足学习者的个性化需求。本质上，人工智能自适应是一种基于教育大数据的可规模化的个性化学习，其基本原理可以表述为“基于大数据挖掘与分析得到待训练样本→用数据去训练基于人工智能算法构建的模型→基于模型对各类自适应学习环节进行预测/推荐”。

教学环节对学习效果的影响作用最大，也是整个教育流程中最核心、最复杂、最难的一环，而测评、练习环节相对外围、轻量、简单，因此，自适应学习产品最先在测评和练题场景中得到应用。自适应教学产品的开发需要有教学环节的有效数据，而这些数据的获取难度高，具体体现在：①自然状态下，教学过程数据是非结构化的；②数据可挖掘的维度多，不限于测试成绩和作业情况，还包括学习路径、内容、速度、偏好、规律等深度数据；③不同数据点之间的关系复杂。

基于此，在人工智能技术向认知智能发展的过程中，机器有望进一步明白教学环节下师生互动背后的含义，包括对学生表情的情感分析，对教师授课态度的衡量，最终实现基于教学过程和师生交互层面的精细化教学。

随着人工智能技术的突破、社会对人才评价标准的更替，未来人工智能自适应教育领域将迎来内容体系的新革命，实践式教学、沉浸式教学等理念带来的新型学习方式将更多地融入自适应学习系统。

2. 科学化管理

（1）智能排课

传统的人工排课，工作量大，容易错排漏排，中途修改课表更是牵一发而动全身，每到学期初排课时间段，排课老师苦不堪言；在保证教学质量的前提下，最大化发挥校内教师资源优势成为排课老师的一大挑战。利用人工智能算法的智能排课系统，可提供选课指导、在线选课、智能排课、分层教学等功能，充分考虑场地、师资、学情、分层教学、课程进度等因素，根据学校不同的分层走班排课情况，结合学生的兴趣爱好、学业曲线等数据，提供科学、合理的排课方案，并自动生成教师、学生、年级、班级等多维度课表。智能排课系统可以与学校考勤系统无缝对接，连接电子班牌或手机 App 等应用终端，解决新高考走班排课下的考勤、班级反馈等管理问题，让走班管理真正高效、便捷。

（2）校园监控——平安校园

校园安全是办学的基础要求，也是生命线。过去的平安校园监控系统在人工智能的赋能下，利用人脸识别与视频分析，实现校门口人脸识别、校园围墙周界预警、楼顶闯入报警、高空抛物抓拍预警、宿舍楼访客管理、出入车辆管理及超速检测、楼梯拥挤预警、防止踩踏等具体功能，对校园暴力事件、踩踏事故、交通安全、失窃案件等安全问题实现有效预警与防控；基于人脸识别，也可实现“一脸通”替代“一卡通”，为校园人身财产安全增加了一重保障。

3. 个性化学习

我们每个人都有独特的思维特点和学习方式，用适合自己的方式去学习，学习效率能够大大提升；相反，则会学习效率低下，甚至厌学。传统的学习方式都是几十个人在一个大班上课，老师面对这么多学生，没有太多精力顾及每个人，只能用同一种方法、同一个节奏应对所有的学生；对学生来说，都是被动地接收老师讲的知识点，可能有的学生能够适应老师的讲课，有的则完全适应不了。久而久之，一部分学生就跟不上老师的节奏，甚至产生厌学的情绪。

为了解决以上问题，一些公司开发了自适应学习系统，帮助学校和老师提供个性化的教学，同时帮助学生提高学习效率、激发学习兴趣。所谓自适应学习，是指通过人工智能、大数据等技术收集和分析学生的学习数据，根据学生的实际学习情况智能调整学习内容、方式和节奏，从而使每个学生都能得到最适合自己的教育。

举个例子，如果学生利用自适应学习系统学习，一旦在学习的过程中遇到瓶颈和困难，系统很快就会发现问题，并会以不同形式的互动来帮助学生强化理解知识点，直至学生完全理解为止。与此同时，老师可以在线同步观察学生的学习轨迹，对有困难的学生给予特别辅导，帮助学生调整学习心态。

自适应学习系统的具体应用如下。

（1）沉浸式学习

像微软 HoloLens 混合现实此类结合 AR、VR 等技术的辅助式教学设备，可以将现实环境与虚拟场景融为一体，使人犹如身临其境，并结合人工智能技术来提供智能的语音引导与体感交互。将此类设备引入课堂，可以让更多知识以可视化的方式呈现，学生们则可以直观地进行学习，特别是针对历史、地理等一些需要背诵的知识点，这种身临其境的体验会特别有助于理解和记忆，例如，“亲临”某一国家或地区的名胜古迹并听取历史事件的讲解，“站在”独特的山峰地貌上了解相关的地理知识，我们甚至可以同时了解一个事件或者一个地理位置下的多个维度的知识。而医学院的学生还能够近距离了解人体内部的奥秘，如脏器与血管的分布，以及不同疾病的表征与治疗过程……尽管人工智能+混合现实这一新平台的生成与主流化还需要一段时间，与教育领域的结合更是任重道远，但颠覆并重塑教学场景的曙光已然出现，而且随着时间的推移，会越来越明朗

（2）拍照搜题

拍照搜题功能主要借助互联网及人工智能技术来实现，即通过搜索引擎和图像识别技术相结合，再利用一个海量题库，可以实现用户“即拍即得”的便捷体验。

拍照搜题功能比较常见的应用场景是家长对学生口算作业的批改。拍照搜题功能可以实现实时计算，提高教师、家长批改口算作业的效率。

4.6.3 发展总结

人工智能在以上领域的应用尚处于探索阶段，但是未来的发展潜力是巨大的。随着人工智能技术的日益成熟，也许在不久的将来，人工智能将实现教育普惠并革新现有教育体制。

4.7 人工智能+零售

零售行业是全球经济的重要组成部分。然而，传统零售模式面临一系列挑战，包括激烈的市场竞争、消费者需求多样化、供应链管理复杂等。随着人工智能技术的快速发展，将其应用于零售领域可以为企业提供新的商机和解决方案。人工智能技术在数据分析、个性化推荐、供应链优化等方面的应用，能够帮助零售企业实现更智能化、高效化的运营和服务。

人工智能与零售的结合对于零售行业具有重要的研究意义和实际应用价值。首先，通过数据驱动决策和经营管理，人工智能技术可以帮助零售企业更好地了解消费者需求、优化市场推广和库存管理、提升企业的竞争力和市场地位。其次，个性化推荐和定制化服务的实现能够提升消费者的购物体验和满意度，增加销售量和客户忠诚度。此外，通过优化供应链管理和库存控制，人工智能能够降低库存成本、减少滞销风险，实现供需的精确匹配。最后，人工智能与零售的融合将推动线上线下融合的新零售模式的发展，创造智能化的购物体验和智能家居购物场景，提升购物便捷性和个性化服务。

因此，人工智能与零售的结合将为零售行业带来巨大的创新和改变，提高企业竞争力、满足消费者需求，并推动零售行业朝着智能化、高效化的方向发展。

4.7.1 发展背景

受益于消费者数据的指数级增长，人工智能算法准确度和算力资源提升，以及大数据、智能硬件、物联网（AIoT）、虚拟现实、5G等新兴技术发展，人工智能在零售行业的应用已逐步渗透到价值链的多个环节。其中，机器学习和计算机视觉成为支撑人工智能+零售的两大技术，机器学习主要应用于数据分析与建模，以实现数据智能和产业链优化；计算机视觉则应用于对消费者及商品的识别与分析，目前相关应用已实现落地。

我国零售业正处在互联网人口红利消失、传统线下零售渠道占比萎缩的发展疲软期，急需一剂“助推剂”。人工智能技术与零售产业的融合是零售企业的发展良方之一。人工智能技术对零售业的革新价值不仅体现在重构消费者关系、刺激消费需求，同时加速促进零售业“人-货-场”的环状结构优化，也改变了对零售商品及消费者数据的采集、分析和价值应用形式。目前，人工智能+零售行业整体仍处于探索阶段，随着零售企业数字化基础设施水平的提高及典型用例的出现，人工智能技术将为零售企业的智能化改革带来更大的想象空间，助推行业整体价值增长。图4.9所示为人工智能赋能零售行业效果图。

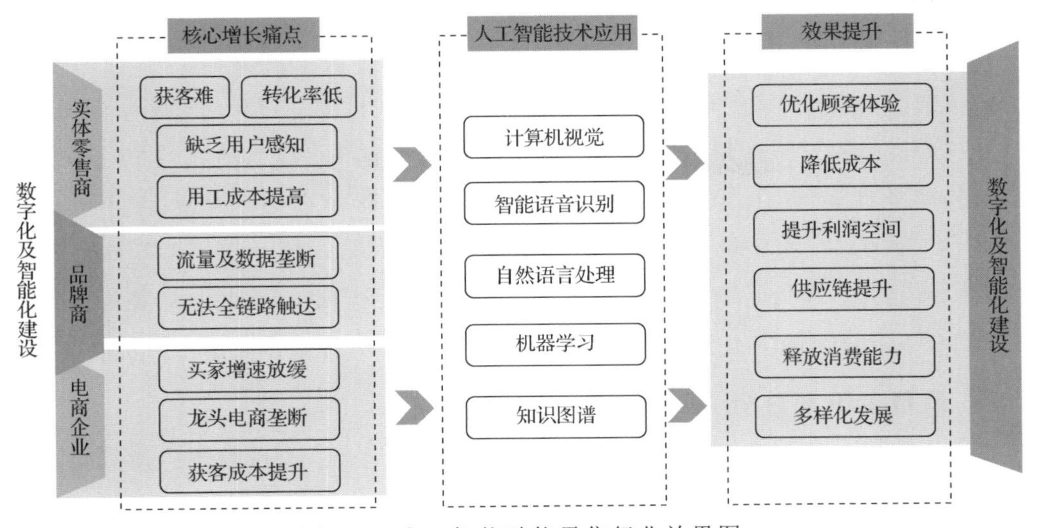

图 4.9　人工智能赋能零售行业效果图

4.7.2　应用场景

人工智能技术在零售领域的渗透，围绕品牌商、零售商、消费者等参与主体及零售产业链条，构建数据打通、场景贯通、深度触达的人工智能+零售体系。其应用场景包括精准营销、商品识别分析、消费者识别分析、智能化运营、智能客服及无人零售等，基于计算机视觉、语音语义及机器学习技术，赋能线上及线下零售商，应用场景间多有融合。零售企业引进人工智能技术，可提高运营能力、促进销售额增长、降低人工等经营成本，且可通过改善顾客消费体验，促进消费者转化率提升，为零售企业业务发展增添动能。

1. 精准营销

人工智能技术在零售营销领域的应用主要围绕消费者用户标签进行，包含个性化推荐及智能广告营销。个性化推荐依靠推荐系统算法向消费者提供个性化的信息服务和决策支持，基于深度学习技术的推荐系统可以提高推荐质量，促进营销转化；智能广告营销主要包括广告精准投放和人工智能视频营销。除了应用推荐算法，在人工智能视频营销中还需应用视频结构化和图像检索等技术，以对象识别、特征抽取、动态物体识别等技术处理视频数据信息，实现对应场景下自动、批量、标准化的广告植入。拥有 11 亿活跃用户的微信生态也成为零售行业发展的重要阵地。JINGdigital 微信营销自动化工具，基于微信生态为零售行业构建精准营销战略：通过用户多渠道数据整合，构建完整 3D 用户画像；基于用户行为路径分析用户喜好，定向推送精准营销内容；通过 JINGsales 大数据定向分析零售用户购物意向并进行人工销售介入或优惠券发放。

2. 商品识别分析

以商品为主要识别对象的计算机视觉技术结合深度学习等人工智能技术，已衍生出以图搜图、陈列分析、自助结算等商业化落地场景，最近两年逐步受到行业内头部人工智能企业的重视，包括腾讯、旷视、商汤等都在商品识别领域有广泛的研究。目前，ISV（独立软件开发商）企业可通过按调用量计费或定制开发的方式获得人工智能图像检测能力，降低了商品识别分析应用的落地普及门槛。因此，对零售业务需求痛点的理解与把握和精细化运营能力，成为各类型解决方案提供商抢占市场的突破点。

3. 消费者识别分析

与电商平台可依靠移动应用有效获取消费者搜索记录、浏览痕迹、购买偏好等数据进行个性化推荐不同，线下零售门店在消费者行为洞察上缺少必要的信息获取手段，以往只能在支付环节对交易数据和客户基本信息（性别、年龄等）进行统计，对客户消费过程和消费偏好数据的采集与分析不足，难以有效挖掘客户价值。人脸识别和行人重识别（Re-ID）技术的发展改变了这一局面，其以智能摄像头为信息采集入口，通过采集消费者人脸、面部表情、衣着、体态、发型等信息，实现在线下零售场景对消费者的全流程感知。Re-ID 技术可补充人脸识别技术只依赖人脸信息的缺陷，在非配合条件下完成对个体行进轨迹及动态的追踪。此外，通过将人脸信息、购物轨迹等与会员管理系统、消费记录数据进行结构化整合，可实现对线下渠道消费者营销推广及对业务经营的精细化管理。目前受线下零售场景头部集中程度和 IT 建设基础等因素影响，基于视觉的消费者行为洞察解决方案在 4S 店、家电 3C 店、大型商业地产等零售业态实验落地。未来，随着算力升级、技术发展带来的算法成本降低、市场需求度提升等利好因素，基于视觉的消费者行为洞察解决方案落地规模将逐步增加。

4. 无人零售

无人零售以降低人工成本作为切入点，在重视消费者体验、拓展零售场景的同时通过技术手段完成数据收集、分析与应用，并最终实现消费流程的全面数据化以及整个产业链的智能化升级提效。无人零售并非全程无人，目前主要指特定场景的无人值守，仍需要管理人员及配货人员介入。现阶段主要存在以人工智能技术、物联网技术或移动支付技术为主的 3 种技术路线，在无人店、无人货柜、自动贩卖机等业态均有融合落地。其中以人工智能技术为主的无人零售业态智能化水平最高，主要应用于消费者引流、快捷支付、提升店内运营效率等环节。无人零售虽存在设备稳定性问题及成本门槛，但长期来看，其在规模化应用、改造供应链、商业模式重塑等方面潜力巨大。

以快速消费品为例，在电商渠道份额占比逐年走高的压力下，大卖场、杂货店等线下零售渠道已呈现负增长，仅便利店和小超市渠道呈上涨趋势。2018 年，我国便利店实现零售额 2264 亿元，行业增速达 19%，门店数量达 12 万家。与传统便利店相比，无人便利店聘用运营店员产生的人力成本至多为同等规模 24h 便利店的 1/6，甚至更低。鉴于大型实体零售场所落地无人零售解决方案的成本压力，伴随便利店等线下小零售业态的不断渗透趋势，无人货柜、无人便利店成为无人零售场景落地的中坚力量。2020 年，商务部发布的《关于推动品牌连锁便利店加快发展的指导意见》也突出了连锁便利店在实体零售业数字化转型中的先锋地位。

自 2016 年年底亚马逊提出“无人零售”概念至今不过几年时间，国内无人零售市场已经历风口、遇冷、沉寂、复兴等多个阶段。多家曾经的无人零售“明星企业”经营困难，甚至倒闭。在商业模式未清晰时就大规模地铺设网点，消费者入店消费频率过低无法覆盖店铺投入成本是根本原因。虽为新兴业态，但商业逻辑仍需要回归零售业本质，即消费者在注重购物体验创新的同时，更注重货品比价、购物便捷性等敏感因素；零售商则注重方案落地成本以及是否可量化地降本增效。据此，无人零售参与者跳出仅通过开设无人店铺赚取商品差价，技术成熟后收取加盟费的业务发展思路，转向赋能连锁便利店品牌或小型零售业态的商业模式，输出覆盖营销、支付、门店运营等环节的无人化解决方案，为零售企业创造价值。在 2020 年实体零售业态受重创的情况下，“无人化门店”价值开始展现。现今无人零售行业发展已逐步进入理性期，规模化扩张尚待市场教育：技术优化、投入产出比、供应链整合能力、私域数据安全性和消费者信任度提升等都是未来市场培育的重点。

5. 虚拟试衣

当前线上购物一大痛点在于，无法直接抚摸、触碰到商品，消费者对于商品的认知来自拍摄图片，无法即刻试穿、试用。尤其是服装的网络销售，受尺码不统一和图片色差的影响，会导致退换货的问题。虚拟试衣则使消费者足不出户试上新衣服。2021 年 3 月 23 日至 25 日，中国家电及消费电子博览会（Appliance & electronics World Expo，AWE）在上海虹桥国家会展中心（National Exhibition and Convention Center，NECC）举办。此次展会，海尔衣联网携黑科技 3D 云镜亮相，向行业展示了人工智能在服装零售场景下的变革性应用，引发广泛关注。3D 云镜采用先进的 3D 图形图像技术及人工智能算法，为用户提供 AI 穿搭推荐、3D 智能量体以及超高真实度的虚拟试衣体验，将这种全新的体验和交互模式引入服装终端门店，能够带来商家与用户的快速连接，赋予传统零售新活力。

4.7.3 发展总结

从人工智能赋能各行业的整体效果来看，人工智能在零售领域的落地应用仍处于

初级阶段。在应用场景成熟度方面，虽然人工智能技术辅助下的精准营销及智能客服在电商领域的应用效果较好、普及度较高，但实体零售业态中无人门店、消费者行为洞察等的应用还处在解决方案打磨阶段；而智能化运营作为涉及多个产业链参与方、多通道数据源的应用场景，在销量预测、库存优化等环节试点应用，对于需求方整体供应链效率的提升仍有待发展探索。在与业务结合深度方面，现阶段部署人工智能解决方案的零售企业大多进行点状的人工智能应用试验，大规模投入引进人工智能技术仍需要明确有效的降本增效例证；而人工智能技术落地需要灵活的组织架构、IT 体系和业务体系支撑，方可实现价值最大化，尤其对于不具备互联网基因的实体零售企业，将人工智能技术与业务的融合提高到企业整体层面尚需要时间和试错成本。

未来，随着算法优化、IT 基础设施发展、应用场景打磨及市场教育的加深，人工智能+零售应用的落地试验将逐步“由点及面”，深入渗透，逐渐覆盖从制造商到消费者的全产业链条及线上线下多零售业态。

4.8 人工智能+娱乐

娱乐领域包括音乐、美术和影视，一直是人们日常生活中不可或缺的重要组成部分。随着人工智能技术的迅猛发展，将其应用于娱乐领域具有巨大的潜力和吸引力。人工智能技术在音乐创作、美术设计和影视制作等方面的应用，能够为创作者提供创新的工具和方法，同时也能够丰富用户体验，推动娱乐产业的发展和创新。

人工智能与娱乐（音乐、美术、影视）的结合具有重要的研究意义和实际应用价值。首先，人工智能在音乐创作方面的应用能够提供给创作者新的思路和技术支持，提升创作效率和质量，同时创造全新的音乐作品。其次，在美术领域，人工智能能够辅助艺术家进行创意和创作，提供新颖的艺术表达方式，促进艺术的创新与发展。此外，在影视制作方面，人工智能技术可以改善电影制作的效率和质量，提供特效合成、场景重建和剧本分析等工具，同时为观众提供个性化的观影体验和智能推荐。

因此，通过人工智能与娱乐的融合，娱乐产业将迎来创新的技术和方法，拓展创作者的创作能力，丰富用户的娱乐体验，推动娱乐领域的发展和创新，进一步提升音乐、美术和影视等娱乐产业的影响力和竞争力。

4.8.1 发展背景

在政策方面，2017 年年底，工业和信息化部（简称工信部）发布了《促进新一代人工智能产业发展三年行动计划（2018—2020年）》。2018年10月，中共中央政治局就人工智能发展现状和趋势举行第九次集体学习。中央和政府对人工智能在文化体育等产业的应用高度重视，不断释放各种鼓励支持政策。

随着我国城镇居民文化娱乐内容人均支出增长的推动，我国泛娱乐市场规模于过往数年快速增长。相关统计数据显示，我国泛娱乐市场规模由2017年的2992亿元增加至2021年的7003亿元，2017—2021年的复合年增长率为23.7%。

在技术方面，人工智能芯片技术和产品发展势头迅猛。当前随着人工智能芯片、大数据、云服务等软硬件基础设施的逐步完善和成熟，人工智能正向各个行业加速渗透。

在需求方面，在全球数字经济蓬勃发展的背景下，人工智能在众多领域的数字化转型中发挥越来越重要的作用。随着技术、算法的快速更新迭代，新的人工智能应用场景不断涌现。人工智能成为数字经济发展最重要的驱动力，对未来政治、经济、社会的发展具有深远影响。

4.8.2 应用场景

人工智能在娱乐领域的应用场景十分丰富，在音乐、美术、影视等方面都有实际的应用，一些具体应用如图4.10所示。

图4.10 人工智能在娱乐领域的具体应用

1. 人工智能+音乐

（1）AI作曲作词

2016年，作曲家本诺伊特·卡雷（Bennoit Carre）利用索尼公司开发的名为Flow

Machines 的软件，创作了一首披头士风格的完整流行歌曲 *Daddy's Car*。

2017 年，美国歌手塔琳·萨瑟恩（Taryn Southern）的新专辑主打曲 *Break Free* 成为第一首正式发行的 AI 歌曲，除了歌词和人声部分，其余编曲全部由 AI 完成，MV 也由 AI 进行剪辑。

2019 年，OpenAI 发布了 MuseNet，这是一个可用 10 种乐器生成 4min 作品的神经网络。OpenAI 声称 MuseNet“可以结合从乡村音乐到莫扎特，再到披头士的任意风格”。2020 年，Jukebox 被发布，这是另一个可生成音乐和人声的神经网络。它可以创作原创音乐，重写现有曲目，截取一段 12s 的音乐片段并将其完成为一首完整的歌曲，并按照弗兰克·辛纳屈、凯蒂·佩里和其他歌手的风格创作 deepfake（深度伪造）翻唱版本。

（2）AI 音乐会

2018 年 11 月，中央音乐学院的独奏家与美国 AI“乐团”联袂演出 12 首中外作品，这是音乐人工智能伴奏系统在中国首次亮相。这次演出是中央音乐学院与美国印第安纳大学信息计算与工程学院联合成立“信息学爱乐乐团”实验室后的重要成果。

2019 年，深圳交响乐团演奏了全球首部 AI 交响变奏曲《我和我的祖国》，这也是该曲目的世界首演。

2019 年，华为公司利用 Mate20 Pro 中的 AI，对奥地利作曲家舒伯特未完成的《第八交响曲》剩余曲谱进行了谱写，并在伦敦的一场音乐会上进行了公演。2021 年 10 月，这台人工智能帮助贝多芬续写了其未完成的《第十交响曲》，并在德国波恩首演。

“信息爱乐”人工智能技术的核心在于运用数学方法对音乐本身和音乐家的感受进行全面解读、演算，通过不断地主动学习，形成更加贴近音乐家个性化表现需求的管弦乐团伴奏、协奏模板，为音乐家提供更为丰富、灵活的演奏机会。

（3）AI 模仿人声演唱

微软公司于 2018 年 7 月发布的第六代小冰，可以模拟歌手风格进行歌曲演唱，表演效果相较以往版本更加接近人类，并且拥有更强的学习能力和模仿能力。

2020 年 7 月 9 日，由微软小冰、小米小爱、百度小度、Bilibili 泠鸢 4 位人工智能机器人合唱的主题曲《智联家园》亮相 2020 年世界人工智能大会开幕式。

2. 人工智能+美术

美国罗格斯大学计算机科学系于 2012 年成立艺术与人工智能实验室，专注于在艺术领域研发人工智能和计算机视觉算法。艾哈迈德·艾格玛（Ahmed Elgammal）教授用超过 8 万幅 15 世纪至 20 世纪的西方绘画作品对算法进行训练，构建了一个称为生成对抗网络的人工智能。为了能更好地生成原创视觉艺术作品，他对其进行升级，创造了创意对抗网络（creative adversarial networks）。将由此创造出的艺术画作与博物馆收藏的油画混合在一起，受试者无法区分出哪些是自动生成的画作，哪些是人类艺术家的画作。

2019 年 10 月，有史以来首次使用人工智能创作的艺术作品《爱德蒙·德·贝拉米肖像》（*Portrait Of Edmond de Belamy*）在纽约佳士得被拍卖，作品以 35 万美元的价格被拍出。

2022 年，游戏设计师杰森·艾伦（Jason Allen）使用 AI 绘图工具 Midjourney 完成的作品《太空歌剧院》（*Théâtre D'opéra Spatial*），在科罗拉多州博览会的美术比赛中获得了第一名。

3. 人工智能+影视

（1）AI 换脸

2019 年春节期间，一场关于 AI 换脸的讨论在微博上引发热议，这是某视频网站的 UP 主通过人工智能技术实现的，视频中，换脸后人脸的轮廓、表情都很自然，整个视频也很流畅。之后，也有网友对电视剧《都挺好》中的苏大强进行换脸，竟也毫无违和感。

（2）AI 虚拟主播

2018 年 11 月 7 日，新华社联合搜狗在第五届世界互联网大会上发布全球首个合成新闻主播——“AI 合成主播”，运用人工智能技术“克隆”出与真人主播拥有同样播报能力的“分身”，在新闻领域开创了实时音视频与 AI 真人形象合成的先河。

在 2019 年全国两会中，“新小浩”有了女搭档“新小萌”。相比之前的 AI 男主播，AI 合成女主播的定制周期大大缩短，播报效果和稳定性显著提升。首个 AI 合成女主播参与两会报道，成为我国人工智能与传媒业大胆融合并付诸规模化应用的典型案例，吸引境外多家媒体争相报道，说明我国已走在新闻业与人工智能结合的前沿。

2019 年 5 月，由科大讯飞打造的虚拟记者“通通”正式亮相央视《AI 记者“通通”游世界》系列视频中，引发了行业广泛关注。

2021 年 11 月 18 日，长江日报报业集团与科大讯飞共同打造推出《长江日报》AI 虚拟主播“小晴”和“小江”。

（3）AI 编剧

2016 年，由人工智能担当编剧的短篇科幻电影《阳春》（*Sunspring*）首次亮相。

纽约大学AI研究人员奥斯卡·夏普（Oscar Sharp）与罗斯·古德温（Ross Goodwin）开发了一个循环神经网络，取名“Benjamin”，然后将几十个科幻电影剧本输入进去，包括经典电影《星际穿越》和《第五元素》等；在分析了这些经典科幻电影后，人工智能开始创作剧本。在短短两天时间内，由人工智能编剧的科幻电影便被拍摄出来。

2022年，DeepMind发布了AI写作模型Dramatron，它可以为戏剧和电影创建连贯的剧本。人们只需要在模型中输入故事的大纲，之后，Dramatron就会自动生成剧本标题、人物以及场景设定、故事情节、位置描述和对话。

4.8.3 发展总结

显然，人工智能已经成为文创产业的强大推动力，人工智能+娱乐必然会掀起一场史无前例的大变革。

4.9 人工智能+物联网

随着物联网技术的迅速发展，人工智能与物联网的结合具有广阔的研究前景和实际应用需求。人工智能技术可以为物联网提供智能化的数据处理、决策支持和自动化控制能力，从而实现更高效、智能和可持续的物联网应用。

人工智能与物联网的结合具有重要的研究意义和实际应用价值。首先，通过将人工智能技术应用于物联网中的传感器和设备，可以实现智能化的数据分析和预测能力，提升物联网设备的智能水平，为用户提供精准、个性化的服务。其次，人工智能与物联网的结合可以实现智能决策和自动化控制，优化资源配置和提高效率，对于企业和组织的运营与管理具有重要意义。此外，人工智能技术在智慧城市和智能交通中的应用，能够改善城市居民的生活质量、提高交通通行效率。最后，人工智能与物联网的结合推动了工业互联网的发展，实现智能制造和供应链管理，推动工业领域的数字化转型。

因此，人工智能与物联网的结合将为智能化社会的建设和发展带来巨大的潜力与机遇，促进各个领域的创新和进步。

4.9.1 发展背景

物联网是通过射频识别、红外感应器、全球定位系统、激光扫描器等信息传感设备，按约定的协议，把任何物品与互联网连接起来，进行信息交换和通信，以实现智能化识别、定位、跟踪、监控和管理的一种网络。国家标准《物联网术语》（GB/T 33745—2017）对物联网的定义为“通过感知设备，按照约定协议，连接物、人、系统和信息资源，实现对物理世界和虚拟世界的信息进行处理并做出反应的智能服务系统”。

人工智能物联网是指系统通过各种信息传感器实时采集各类信息（一般是在监控、互动、连接情境下的），在终端设备、边缘域或云端，通过机器学习对数据进行智能化分析，包括定位、比对、预测、调度等。

在技术层面，人工智能使物联网具备感知与识别能力，物联网为人工智能提供训练算法的数据。

在商业层面，二者共同作用于实体经济，促使产业升级、体验优化。

在政策方面，近年来，工信部会同发改委等部门推动、出台了《信息产业发展指南》《信息通信行业发展规划物联网分册（2016—2020 年）》等一系列政策文件，加快建设物联网基础设施、应用服务平台和数据共享服务平台，深入推进物联网发展。2020 年 7 月，国务院印发《新时期促进集成电路产业和软件产业高质量发展若干政策》，进一步优化集成电路产业和软件产业发展环境，深化产业国际合作，提升产业创新能力和发展质量。随着连网设备技术的进步、标准体系的成熟以及政策的推动，物联网应用领域在不断拓宽，新的应用场景将不断涌现。未来几年内，我国物联网产业将在智能物流、智能医疗、智能家居、智能电网、数字城市、车用传感器等领域率先普及，预计将实现 30000 亿元的总产值，成为产业革命重要的推动力。根据工信部等八部门印发的《物联网新型基础设施建设三年行动计划（2021—2023 年）》，我国将加速推进全面感知、泛在连接、安全可信的物联网新型基础设施建设，加快技术创新，壮大产业生态，深化重点领域应用，推动物联网全面发展，不断培育经济新增长点，有力支撑制造强国和网络强国建设。

在产业方面，产业巨头纷纷制定其物联网发展战略，通过并购、合作等方式快速进行重点行业和产业链关键环节的布局，意图争夺物联网未来发展的战略导向。2015 年 5 月，华为公司公开“1+2+1”的物联网发展战略，明确向物联网进军；同年 10 月，微软公司正式发布物联网套件 Azure IoT Suite，协助企业简化物联网在云端的应用部署及管理。除此之外，亚马逊、苹果、英特尔、高通、SAP、IBM、阿里巴巴、腾讯、百度、GE、AT&T 等全球知名企业均从不同环节布局物联网，产业大规模发展的条件正快速形成，未来 2～3 年将成为物联网产业生态发展的关键时期。

4.9.2 应用场景

智能物联网从提出到发展至今，已经从最开始的示范展示与试用阶段发展至完全连接的实用阶段，在防灾减灾、资源控制与管理、新型能源开发与管理、食品安全与公共卫生、智慧医疗与健康养老、生态环保与节能减排、新型农业技术运用与管理、城市智能化管理、现代物流、国防工业等领域发挥了巨大作用。我国在上述领域已形成智能电网、智能交通、环境监测、公共安全、智能家居、智能医院等（420 多个）示范工程项目的物联网目录，并已经形成相应的试点与样板工程项目，这对全面推进信息化建设、用科技手段有效防止/抑制腐败、建立国家安全体系、节能减排等产生了重大作用。

1. 智能家居

智能家居指的是使用不同的方法和设备来提高人们的生活能力，使家庭变得更舒适、安全和高效。物联网应用于智能家居领域，能够对家居类产品的位置、状态、变化进行监测，分析其变化特征，同时根据人的需要，在一定的程度上进行反馈。2020 年，我国智能家居进入 AIoT 赋能期，全面革新智能家居产品形态，全年我国智能家居设备市场出货量达 2 亿台。人工智能赋能时代，智能化产品逐渐在覆盖我们日常生活的方方面面。目前，智能家居被视为新的互联网应用入口，应用场景相对广泛，包括影音娱乐、家庭安防、智能卫浴、智能厨房、智能睡眠等。数据显示，2016—2020 年我国智能家居市场规模由 2608.5 亿元增至 5144.7 亿元，年均复合增长率为 18.51%。中商产业研究院估计，2022 年我国智能家居市场规模可达 6515.6 亿元。未来，随着国内移动终端的普及和物联网的推广，预计智能家居发展将进一步提速，市场增长潜力巨大。

（1）智能窗帘

智能窗帘是伴随着传统窗帘应运而生的高科技产品，因其具备使用方便、智能、简约等特点而不断得到大部分人的喜爱。智能窗帘产品不但通过红外线、无线电遥控或定时控制实现了自动化，而且运用阳光、温度、风力电子感应器实现了产品的智能化操作。智能窗帘能定时拉开或关闭，也能一键随意开或闭。智能窗帘在不同时间段能自由控制关或开，如遇到下雨天，智能窗帘可以自动关闭。智能窗帘运用得很广泛，如在酒店、会议室、体育馆等，尤其在大型住宅和别墅，用户可以轻松实现窗帘的开闭。根据 Fact.MR 发布的一份报告，全球智能窗帘市场预计到 2031 年复合年增长率将达到 23%。

（2）智能门锁

依托指纹、人脸、虹膜等生物识别核心技术优势，智能门锁可以为我们的生活提供更多便捷。首先，以生物特征作为开锁依据可以避免传统门锁因忘带钥匙而产生的麻烦；其次，智能门锁在安全防御方面也更出色，在使用的过程中主人可以将自己及其家庭成员的生物特征录入门锁系统之中，这样家人都能轻松开启大门，但是一旦遇到外人尝试非法入侵，在连续错误的情况下就会触发警报装置，为家庭安全提供更深层的保障；另外，联网的智能门锁还可以实现远程操控，轻松为可信赖人员远程开锁，在发生紧急情况时，这种便捷性尤其重要。随着家庭安防意识的提高以及智能家居普及应用，人们对智能门锁的需求高涨，精装修市场中的智能门锁配置率也实现了逆势上涨。奥维云网（AVC）地产大数据显示，2022 年 1—7 月，精装修市场智能门锁配套项目 875 个，配套规模为 67.54 万套，配套率为 80.9%，同比上升 7%。可见智能门锁逐渐成为精装房的标配产品，市场在逐渐集中化。

（3）智能音箱

随着冰箱、电视机、空调、电灯、窗帘、扫地机等家居产品越来越智能化，智能语音交互逻辑使智能音箱理论上能集成所有服务，给更多的家居产品赋能。例如，百度“小度在家”已经接入很多公司的智能窗帘、智能插座、智能灯，以及空调、冰箱等智能设备，以此来实现全语音控制家里的设备，而小米“小爱”和阿里“天猫精灵”也一样都具有类似的功能，用户只需说一句话，就能控制全家的智能家居产品，如打开电灯、电视机，让扫地机工作或停止，或是躺在床上开启窗帘等，依靠语音控制技术，这样的脱离手机的智能交互方式已经被广大用户接受和依赖。IDC 发布的《中国智能音箱设备市场月度销量跟踪报告》显示，我国智能音箱市场在 2019 年经历了爆发式发展，全年我国智能音箱市场出货量达到 4589 万台，同比增长 109.7%。

未来，随着物联网技术的不断发展，5G 技术商业加速落地，智能家居将继续走入千家万户，成为未来智慧家庭发展的趋势。

2. 智能制造

智能制造是一个与工业物联网密切相关的概念，它指的是使用物联网机器来监控（并最终改进）生产流程。工业 4.0 成功的关键之一是为机械设备赋予物联网连接能力。在生产环境中采用物联网设备，工业企业便能将多个数据组纳入业务实践中，并在设备的整个生命周期里保障系统正常运作，且能精简运营、优化生产效率及提高投资回报率等。随着国家对智能制造的大力支持，我国智能制造行业保持较为快速的增长速度。2010—2020 年，我国智能制造业产值规模逐年攀升。2020 年，我国智能制造行业的产值规模约为 25056 亿元，同比增长 18.85%。

（1）预测性维护

制造业中的物联网传感器使用户能够主动进行维护。数据是实时传递的，因此，用户可以预测设备何时需要修理。例如，如果温度超过阈值，用户将收到警报，这样

就可以在设备实际发生故障之前解决问题。预测性维护优化了资产性能，降低了运营成本，甚至延长了设备的使用寿命。

（2）节约能源

智能制造有助于监控设备的能耗。用户可以确定哪些设备是能源过度消耗者，也可以比较类似的设备，以确定是否可能浪费能源。能耗数据可用于改善生产计划，降低总体能耗，并降低相关成本。查明非工作时间浪费的能源也可以帮助用户节省资金。

（3）供应链和劳动力优化

工业物联网为供应链的各个方面提供实时信息，可以展示材料、设备和产品在整个流程中是如何移动的，以及寻找低效率和瓶颈的原因，从而进行有效优化，进而实现更好的库存管理、更低的生产成本和更快的生产时间。

4.9.3 发展总结

随着云计算、大数据、通信、人工智能等技术协同发展，未来个人物联网、家庭物联网以及产业物联网的数据终将打通，各个连通的设备将消除数字与物理、人与机器之间的障碍，充当万物互联的接口。人工智能与物联网协同发展，物联网海量连接数据将为人工智能算法训练提供巨大资源池，高效的智能算法进而改变人们的生活、生产方式，促进社会进一步向前发展。

第5章 下一代人工智能发展方向及高水平人才培养

在实际生活中，人工智能已经融入日常的应用，如智能语音助手、可穿戴设备、智能家居、汽车驾驶辅助、机器人服务员等。人工智能的应用提升了人们的工作效率，方便了人们的日常生活，对社会发展产生了深远影响。未来人工智能领域新的突破和发展将继续拓宽我们的想象边界，在各个领域引领向前。那么，人工智能技术未来的发展方向是什么？它将会怎样应用于我们的生活中？我们又该如何抓住人工智能的“浪潮”，发展出我们的未来人工智能呢？本章将围绕这些问题来阐述人工智能的未来发展方向以及其中的各项技术。此外，本章还将简单介绍我国人工智能基础理论和算法发展策略及人工智能高水平人才培养等内容。

5.1 下一代人工智能发展方向

随着大数据、云计算、互联网、物联网等信息技术的发展，人工智能技术成功跨越科学与应用之间的“技术鸿沟”，突破了从“不能用、不好用”到“可以用”的技术拐点，进入爆发式增长的红利期。人工智能已成为推动新一轮科技和产业革命的驱动力，是未来最具变革性的技术。

人工智能的诞生已经超过半个世纪，但近10年来人工智能领域发展非常迅速。自2012年ImageNet竞赛开始，人工智能领域的进步令人震惊，现在人工智能已经深入我们工作、生活的方方面面。人工智能领域发展迅速，当前被认为最先进的方法即将过时，今天刚刚出现或处于边缘的方法将成为主流。下一代人工智能的研究方向对于人工智能发展突破有非常重要的意义。

1. 无监督学习

机器学习可以按有无标签划分为有监督学习和无监督学习两个大类，如图 5.1 所示。在过去的 10 年中，尽管从自动驾驶汽车到语音助手，有监督学习已经推动人工智能取得显著进步，但它仍然存在严重的局限性。手动标记成千上万个数据点的过程可能非常昂贵且烦琐。在机器学习模型提取数据之前，人们必须手动标记数据这一事实已成为人工智能的主要瓶颈。

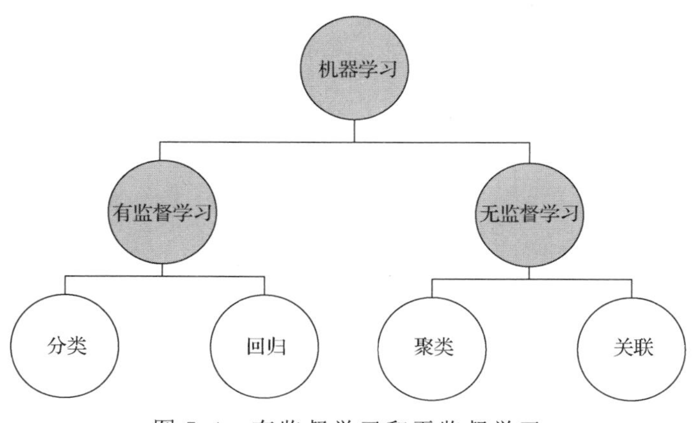

图 5.1 有监督学习和无监督学习

在更深层次上，有监督学习代表了一种狭窄的、受限制的学习形式。受监督的算法不仅无法探索和吸收给定数据集中的所有潜在信息、关系和含义，而且仅针对研究人员提前确定的概念和类别进行学习。相反，无监督学习是一种人工智能方法，其中算法无须人工提供标签或指导即可从数据中学习。许多人工智能领导者将无监督学习视为人工智能的下一个前沿领域。

无监督学习如何工作？简而言之，系统会根据世界的其他部分来了解世界的某些部分。通过观察实体的行为、实体之间的模式以及实体之间的关系（如上下文中的单词或视频中的人物），系统引导其对环境的整体理解。一些研究人员用“从其他事物中预测所有事物”来概括这一点。

无监督学习更紧密地反映了人类学习世界的方式：通过开放式探索和推理，不需要有监督学习的“训练论”。它的基本优点之一是，世界上总是会有比已标记数据多得多的未标记数据（前者更容易获得）。用杨立昆教授的话来说，他喜欢密切相关的术语“自我监督学习”，“在自我监督学习中，输入的一部分用作监视信号，以预测输入的其余部分。可以通过自我监督学习而不是其他人工智能范式来学习有关世界结构的知识，因为数据是无限的，每个示例提供的反馈量很大。”

无监督学习已经在自然语言处理中产生了变革性的影响。自然语言处理得益于一种新的无监督学习架构，即 Transformer，最近取得了令人难以置信的进步。将无监督学习应用于人工智能其他领域的努力仍处于早期阶段，但是正在取得快速进展。举个例子，一家初创公司正在寻求利用无监督学习来超越自动驾驶汽车行业的领导者。许多研究人员将无监督学习视为开发人类级人工智能的关键，所以掌握无监督学习是“未来几年机器学习和人工智能面临的最大挑战”。

2. 联合学习

数字时代的主要挑战之一是数据隐私。由于数据是现代人工智能的命脉，因此数据隐私问题在人工智能的发展轨迹中扮演重要的角色（并且常常是限制性的）。保护隐私的人工智能正变得日益重要，保护隐私的人工智能中最有前途的方法也许是联合学习。

联合学习的概念最早由谷歌公司的研究人员于 2017 年年初提出。如今，构建机器学习模型的标准方法是将所有训练数据收集到一个地方（通常在云中），然后在数据上训练模型。但是，这种方法对全球大部分数据都不可行。出于隐私和安全原因，这些数据无法移至中央数据存储库，这使其成为传统人工智能技术的禁区。

联合学习通过颠覆传统的人工智能方法解决了这个问题。如图 5.2 所示，联合学习并不需要一个统一的数据集来训练模型，而是将数据保留在原处，并分布在边缘的众多设备和服务器上。取而代之的是，将模型的许多版本发送到一个带有训练数据的设备，每个模型都在每个数据子集上进行本地训练。然后将生成的模型参数（而不是训练数据本身）发送回云端。当所有这些“微型模型”汇总在一起时，结果就是一个整体模型，其功能就像一次在整个数据集上进行训练一样。

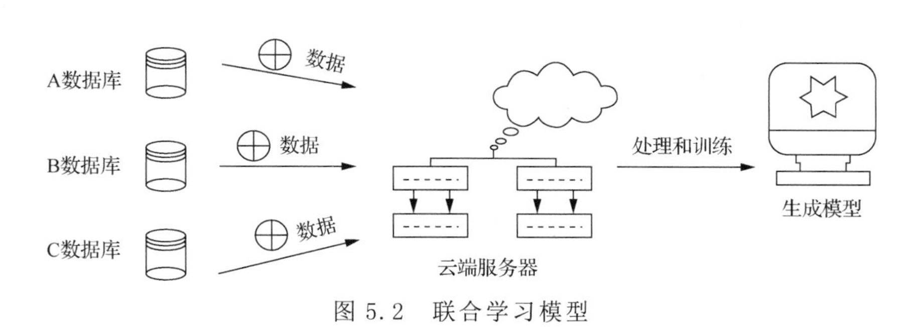

图 5.2　联合学习模型

最初的联合学习用例是针对分布在数十亿移动设备上的个人数据训练人工智能模型。正如这些研究人员总结的那样：“现代移动设备可以访问大量适用于机器学习模型的数据……但是，这些丰富的数据通常对隐私敏感、数量庞大或两者兼而有之，因此

可能无法登录到数据中心……我们提倡一种替代方案，将训练数据保留在移动设备上，并通过汇总本地计算的更新来学习共享模型。"

最近，医疗保健已成为联合学习应用中特别有前途的领域。我们不难理解其原因：一方面，医疗保健中有大量有价值的人工智能用例；另一方面，医疗保健数据，尤其是患者的个人身份信息，非常敏感，像美国 HIPAA（health insurance portability and accountability act，健康保险流通与责任法案）这样的法案限制了它们的使用。联合学习可以使研究人员能够开发挽救生命的医疗保健人工智能工具，而无须从源头转移敏感的健康记录或将它们置于隐私泄露处境中。除医疗保健外，联合学习有一天可能会在任何涉及敏感数据的人工智能应用的开发中发挥中心作用：从金融服务到自动驾驶汽车，从政府用例到各种消费产品。与差分隐私和同态加密等其他隐私保护技术结合使用，联合学习可以提供释放人工智能巨大潜力的关键方法，同时减轻有关数据隐私的棘手挑战。

如今，全球范围内的数据隐私立法浪潮只会加速对这些隐私保护技术的需求。期望联合学习在未来几年中成为人工智能技术堆栈的重要组成部分。

3. Transformer

当前已经进入自然语言处理的黄金时代。OpenAI 发布的 GPT-4 是目前功能十分强大的语言模型。它为自然语言处理设定了新的标准：它可以编写令人印象深刻的诗歌，生成有效的代码，撰写周到的业务备忘录，撰写有关自身的文章等。GPT-4 只是一系列类似架构的自然语言处理模型（如谷歌公司的 BERT、OpenAI 的 GPT-3、元宇宙的 RoBERTa 等）中较新的，它们正在重新定义自然语言处理的功能。推动语言人工智能革命的关键技术突破是 Transformer。

2017 年，具有里程碑意义的研究论文中介绍了 Transformer。以前，自然语言处理方法都基于循环神经网络（如 LSTM 网络）。根据定义，循环神经网络按顺序显示数据，即按单词出现的顺序一次处理一个单词。Transformer 的一项伟大创新是使语言处理并行化：给定文本主体中的所有标记都是同时而不是按顺序分析的。为了支持这种并行化，Transformer 严重依赖于称为注意力的人工智能机制。注意力使模型能够考虑单词之间的关系，而不论它们之间有多远，并确定段落中的哪些单词和短语对于注意力最为重要。

人工智能公司已经开始将基于 Transformer 的模型投入生产，但大多数组织仍处于将该技术产品化和商业化的初期阶段。OpenAI 已宣布推出 ChatGPT 企业版。从自然语言开始，期望 Transformer 在未来的几年中成为整个新一代人工智能功能的基础。过去几年，人工智能领域令人兴奋，但事实证明，这仅仅是未来人工智能的序幕。

4. 神经网络压缩

能够直接在边缘设备（如电话、智能扬声器、摄像头、车辆）上运行人工智能算法具有巨大优势，而无须从云端来回发送数据。也许最重要的是，边缘人工智能增强了数据隐私性，因为不需要将数据从其源头移动到远程服务器。由于所有处理均在本地进行，因此边缘人工智能的延迟也较低。对于诸如自动驾驶汽车或语音助手等的时间敏感性应用，它具有更高的能源效率和成本效益。而且，它使人工智能算法无须互联网连接即可自主运行。

英伟达首席执行官黄仁勋（Jensen Huang）认为边缘人工智能是计算的未来："人工智能正在从云移动到边缘，连接到人工智能计算机的智能传感器可以加快许多应用的速度，并节省能源。随着时间的流逝，将有数以万亿计的这种由人工智能驱动的小型自主计算机。"但是，要使边缘智能无处不在的崇高愿景成为现实，就需要一项关键的技术突破：人工智能模型需要变得更小，而且比目前的小得多。因此，在不损害神经网络性能的情况下开发和商业化压缩神经网络的技术已成为人工智能领域重要的追求之一。

如今，典型的深度学习模型非常庞大，需要大量的计算和存储资源才能运行。OpenAI 的新语言模型 GPT-3 参数高达 1750 亿个，仅存储模型就需要超过 350 GB 的空间。即使是大小不接近 GPT-3 的模型也仍然需要进行大量计算：ResNet-50 是几年前开发的一种广泛使用的计算机视觉模型，每秒使用 38 亿个浮点运算来处理图像。这些模型不能在边缘运行，边缘设备中的硬件处理器（如手机、Fitbit 或 Roomba 中的芯片）功能不足以支持它们。因此，开发使深度学习模型更轻量级的方法成为关键：它将释放围绕分散式人工智能构建的一系列产品和商业机会。

近年来，研究人员和企业家在该领域取得了长足进步，开发了一系列使神经网络小型化的技术。这些技术可以分为 5 个主要类别：精简、量化、低秩分解、紧凑型卷积滤波器和知识蒸馏。精简需要识别并消除神经网络中的冗余或不重要连接，以使其精简。量化通过使用较少的比特表示值来压缩模型，如图 5.3 所示。在低秩分解中，模型的张量将被分解，以构造近似于原始张量的稀疏版本。紧凑型卷积滤波器是经过特殊设计的滤波器，可减少执行卷积所需的参数数量。最后，知识蒸馏涉及使用模型的完整版本来"教"一个较小的模型以模仿其输出。这些技术大多彼此独立，这意味着它们可以串联部署以获得更好的效果。实际上，其中一些（精简、量化）可以应用于已经存在的模型，而其他一些（紧凑型卷积滤波器、知识蒸馏）则需要从头开始开发模型。少数新兴公司已经将神经网络压缩技术从研究领域推向市场，如 Pilot AI、Latent AI、Edge Impulse 和 Deeplite。举一个例子，Deeplite 声称

其技术可以使神经网络缩小至原来的1/100，加快10倍，将电源效率提高20倍，而不会牺牲性能。

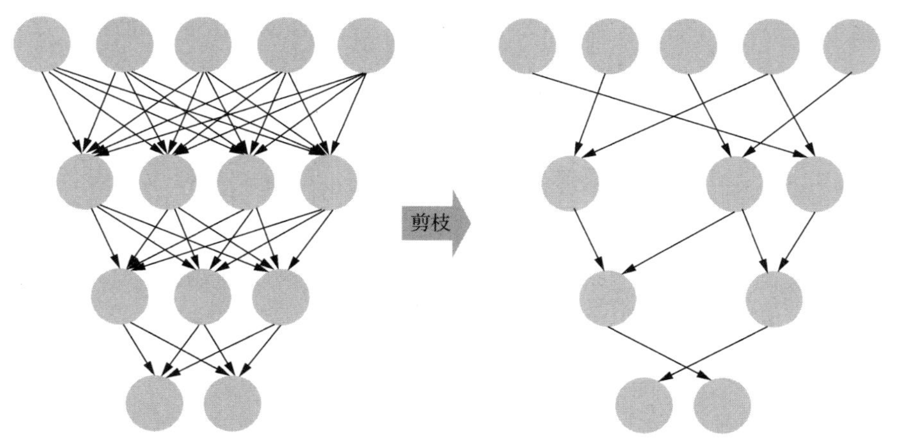

图5.3 一种神经网络模型压缩方法

“在过去的10年中，世界上具有一定计算能力的设备数量激增，” Pilot AI首席执行官Jon Su解释说，“Pilot AI的核心IP极大地减少了用于对象检测和跟踪等任务的AI模型的大小，从而使AI / ML工作负载可以直接在边缘IoT设备上运行。这将使设备制造商能够将每年售出的数十亿个传感器（如按钮门铃、恒温器或车库门开启器）转换为可为下一代IoT应用提供支持的丰富工具。”大型技术公司正在积极收购这类初创公司，而这凸显了该技术的长期战略重要性。英伟达以400亿美元收购ARM在很大程度上是由于人工智能走向边缘而加速向高效计算转变。英伟达首席执行官黄仁勋在谈到这一交易时强调了这一点：“能源效率是未来计算领域中最重要的一件事。英伟达和ARM将共同打造这个人工智能时代世界一流的计算公司。”

在未来的几年中，人工智能将变得不受束缚、分散化和环境化，并在边缘的数万亿种设备上运行。神经网络压缩是一项必不可少的促成技术，它将帮助实现这一愿景。

5. 生成式人工智能

当今的机器学习模型主要对现有数据进行交织和分类，例如，识别人脸或识别欺诈。生成式人工智能是一个快速发展的新领域，它专注于构建可生成自己新颖内容的人工智能。简而言之，生成式人工智能将人工智能带入超越感知、步入创造的阶段。

生成式人工智能的核心是两项关键技术：生成对抗网络（GAN）和变分自编码器（VAE）。图5.4所示为生成对抗网络的经典结构示意图。

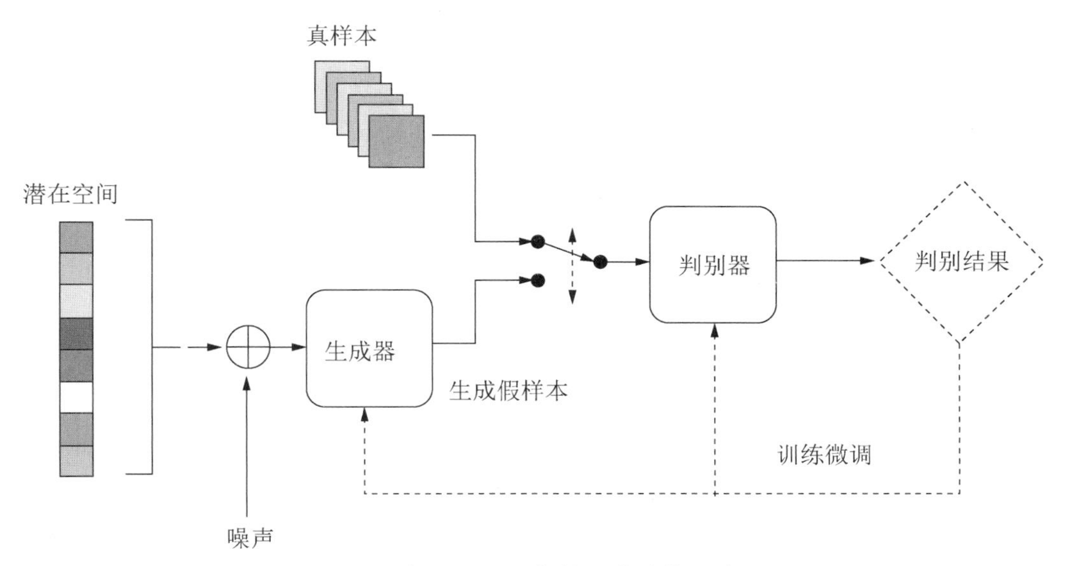

图 5.4　生成对抗网络的经典结构示意图

Goodfellow 在概念上的突破是使用两个独立的神经网络构造 GAN，然后将它们相互对抗。从给定的数据集（如一张人脸照片）开始，第一个神经网络（称为生成器）开始生成新图像，这些图像在像素方面类似于现有图像。同时，第二个神经网络（判别器）被“喂入”照片，而没有被告知它们是来自原始数据集还是来自生成器的输出，它的任务是识别合成的照片。当这两个网络不断地互相作用时（生成器试图欺骗判别器，判别器试图暂缓生成器的创造物），它们彼此提高了能力。最终，判别器的分类成功率下降到 50%，没有比随机猜测更好，这意味着合成的照片已经与原始照片难以区分了。

与 GAN 差不多同时推出的 VAE 是一种概念上与 GAN 相似的技术，可以用作 GAN 的替代方法。与 GAN 一样，VAE 由两个神经网络组成，这两个神经网络协同工作以产生输出。第一个网络（编码器）获取一条输入数据并将其压缩为较低维的表示形式。第二个网络（解码器）采用这种压缩表示形式，并基于原始数据属性的概率分布和随机性函数，生成新颖的输出，将“riff”作为输入。

通常，GAN 的输出质量比 VAE 更高，但构建起来更加困难且成本更高。

与更广泛的人工智能类似，生成式人工智能激发了广泛受益的和可怕的现实世界应用。只有时间能说明哪个将占主导地位。从积极的方面来看，生成式人工智能效用最高的用例是合成数据。合成数据是一种潜在地改变游戏规则的技术，它使研究人员能够数字化地构建他们训练人工智能模型所需的确切数据集。

如今，访问正确的数据是人工智能最重要也是最具挑战性的部分。通常，为了训练深度学习模型，研究人员必须从现实世界中收集成千上万个数据点，然后他们必须在每个数据点上贴上标签，这样模型才能从数据中学习。这充其量是一个昂贵且耗时的过程。最糟糕的是，研究人员根本无法获得足够的所需数据。

合成数据使研究人员能够根据需要人为地创建高保真数据集，以适应他们的精确需求，从而颠覆了这种范式。例如，使用合成数据方法，自动驾驶汽车公司可以生成数十亿个不同的驾驶场景供其车辆学习，而无须在现实世界的街道上实际遇到这些场景中的每一个。随着合成数据准确地逼近现实世界数据，它将使人工智能民主化，削弱专有数据资产的竞争优势。在可按需廉价生成数据的世界中，跨行业的竞争动态将被颠覆，涌现出了一批有前途的初创公司来追逐这一机会。合成数据的第一个主要商业用例是自动驾驶汽车，但该技术正在迅速遍及各个行业，从医疗保健到零售以及其他领域。

另一种生成式人工智能应用 DeepFakes 有可能对社会产生广泛的破坏性影响。本质上，DeepFakes 技术使拥有计算机和互联网连接的任何人都可以创建看起来真实逼真的照片和视频。

技术上的一个真理是，任何给定的创新都可能给人类带来巨大的利益，也可能给社会带来严重的伤害，这取决于人类使用它的方式。核能如此，互联网也如此，人工智能同样如此。生成式人工智能就是一个有力的例证。

5.2 我国人工智能基础理论和算法发展策略

算力、算法和数据是数字化时代的三大要素。算力是基础设施，指计算设备执行算法、处理数据的能力，包括 CPU、GPU、FPGA（field programmable gate array，现场可编程门阵列）、ASIC（acid-sensitive ion channel，酸敏感离子通道）等。算法是模型的基础，是一系列解决问题、实现特定功能的有序指令和步骤，用于数据分析和人工智能模型训练等。数据是数字化时代中的信息资源，是大模型训练的基础资源，通过算力产生算法或者应用。三者相互依存、相互促进，共同推动数字化时代的发展。目前，我国有强有力的战略引领和政策支持、海量的数据资源、丰富的应用场景以及青年人才快速成长聚集等方面的优势，为人工智能实现跨越式发展创造了重要条件。然而，我国的人工智能发展起步较晚，人工智能基础理论研究和原创算法相对不足，从 0 到 1 的基础创新少，从 1 到 N 的应用创新较多。因此，我们应注重培养人工智能人才，创造良好的环境，激励大家从事基础研究，推动我国人工智能的发展。

在国内，人工智能技术已被广泛应用于语音识别、计算机视觉、机器人、自然语言处理等领域，代表性产品包括科大讯飞的“晓译翻译机”、中国科学技术大学的智能机器人“佳佳”、京东集团的JIMI智能客服等。作为技术革命量级的人工智能技术，其还存在基础理论欠缺、数据需求大、能耗高、泛化性能差等诸多瓶颈。人工智能作为未来30～50年甚至更长时间发展的技术，一切才刚刚开始，目前只是“万里长征”第一步。

1. 数据与模型共同驱动

面对下一代人工智能的挑战，对人类来讲，常识和常识的推理（包括不确定性）是人类创新的基本条件之一。让机器怎样面对常识、常识的推理和不确定性推理，是下一代人工智能需要关注的。人工智能的核心不仅是机器学习算法，也不仅是现有的深度学习模型。从最早开始的以特征为中心，到以学习为中心的处理，再到现在把表征、学习相结合，人工智能的研究方法发生了根本性的变化。我们面对的是共同开放的环境、大量的数据，神经网络过拟合、超参优化困难、高性能硬件缺失、可解释性差，这些问题均有待解决。人工智能难题如何逐步解决，是人工智能研究领域未来的主要挑战之一。其中，数据安全是人工智能发展需要解决的重要问题。

数据安全是人工智能技术发展过程中普遍存在的问题，已经受到各国政府和相关学者的高度重视。数据安全问题对数据和信息安全的威胁，对个人隐私、生产安全、社会稳定、国家安全等造成了重大影响。人工智能时代涉及大量的信息自动化搜集、处理乃至控制，信息安全和数据安全问题更为突出。构建安全、可靠的数据环境是发展高效、高质量人工智能技术的根本保障。保障数据安全是构建人工智能和谐、稳定发展氛围的基石，是实现技术突破的关键。

数据质量也是影响人工智能效果的关键。数据分析是人工智能技术的核心，人工智能需要不断获取新的数据、进行持续且深度的学习，“越用越灵”可以说是人工智能发展的关键。糟糕的数据对人工智能来说是大问题，可能带来反向的分析结果，因此，数据质量高是数据分析结果具备可靠性的基础。如何取得高质量的数据和信息，也是人工智能发展面临的挑战。同时，黑客也可能利用人工智能技术的缺陷产生虚假的、具有目的导向性的数据和信息，破坏人工智能系统的正常运行。

2. 增强原始创新能力

目前，我国在全球人工智能发展过程中做出的原创性、基础性贡献还不多。从学科创立初期的赫步定律、图灵测试，到近几年的深度学习算法、AlphaGo等重要的基础理论和重大成果，我国所做贡献也不多。西方国家普遍重视基础研究和理论创新，谷歌公司的 Deep Mind 团队拥有 400 余名跨学科的科学家，每年投入几亿美元，仅 2016 年就在《自然》(*Nature*) 杂志上发表 2 篇重大成果；杰弗里·辛顿专注神经网络 40 年，使深度学习成为人工智能复兴的关键。而我国更多地聚焦在应用层面，缺乏基础理论积累、原始方法创新和重大原创性成果。

人工智能基础研究是人工智能科技可持续发展的基石，是人工智能及其应用蓬勃发展与全面升级的原动力。因此，我国需要进一步强化对人工智能基础研究的支持，加强人工智能在硬件和算法等基础层面的原始创新。例如，强化跨学科交叉创新研究，吸引更多的跨学科科学家进入人工智能领域开展探索研究；重视和加强人工智能前瞻性基础研究，扩大人工智能领域青年基金或科研项目的资助比例，对优秀青年科学家进行持续支持。希望我国人工智能基础研究水平经过长期努力和积累后走向国际先进行列，解决原始创新能力不足的问题。

3. 加强系统性的顶层谋划和设计

人工智能技术生态包括数据平台、开源算法、计算芯片、基础软件、计算服务器、垂直应用等。谷歌、IBM、微软、元宇宙等全球科技巨头正积极推动自主研发人工智能技术的生态建设，抢占人工智能相关产业制高点，并投入重金收购企业、招募人才和研发核心技术，力图掌握人工智能时代的主动权，引发人工智能产业竞争白热化，并逐步向生态化发展。人工智能技术生态建设发展趋势：①汇聚高端人才，组建人工智能攻关团队，例如，谷歌公司的 DeepMind；②基础平台开源化，例如，谷歌公司开源了人工智能基础平台 TensorFlow 和无人驾驶模拟器；③关键技术硬件化，例如，人工智能芯片定义了人工智能产业链和生态圈的基础计算架构且具有战略地位，IBM 公司发布了类脑计算芯片 True North，谷歌公司发布了 TPU 等。

我国人工智能相关的单元技术多、综合成果少，缺少最优化资源整合，还没有形成人工智能生态体系。以我国人工智能的基础研究为例，其研究工作主要分布在大学和科研机构，具有很多单点优势，但研究工作与队伍呈现条块化、碎片化、重复化的现象，缺乏系统性的融合，难以形成“巨无霸”的平台、团队和成果。相比国外形成了完整技术创新和产业创新链条的产学研机构，这种基础研究领域分散、技术和产业领域分割的现状，导致我国人工智能的综合优势未能得到体现和发挥。

因此，我们必须前瞻性地从人工智能科学的角度出发，更加全面地认识人工智能未来的发展，立足国家发展全局，系统地梳理人工智能科技的内涵、外延和总体发展脉络，找准突破口和主攻方向，打破条块分割，集中力量办大事，把握发展主动权。同时，突破体制和机制障碍，整合我国人工智能领域顶尖人才和研究资源，协同建立跨学科人才培养环境，推动原创技术驱动的人工智能技术生态形成，并同应用驱动的人工智能产业生态对接，协同推进人工智能的理论研究、技术突破和产品研发应用，促进我国在国际人工智能领域的科技创新加速发展。

4. 增强自主能力以摆脱对进口技术的依赖

与 PC 时代、互联网时代一样，在新一轮人工智能的发展过程中，CPU、GPU、FPGA 等高端芯片和核心器件，以及电子设计自动化（electronic design automation，EDA）软件等基础软件的发展将发挥重要驱动作用，未来也很有可能因某些基础软硬件的重大突破而颠覆现有的智能计算体系和框架。因此，人工智能基础软硬件对于人工智能发展的重要性不言而喻。

从总体上看，目前人工智能基础软硬件仍由欧美国家大型企业主导，我国人工智能在基础软硬件方面的缺失会导致在技术上和应用上“空心化”的风险。虽然我国近几年涌现出了“寒武纪”等人工智能处理芯片，但用于人工智能芯片设计的基础半导体器件仍主要由英伟达、IBM 和英特尔等国外企业生产和垄断。此外，我国微电子/光电子研发的原创性和基础能力较弱，位于产业链源头的核心微电子/光电子芯片和高端光电子器件严重缺失，尤其是处理器、存储器和集成化的光电子器件几乎依赖进口，已成为制约我国人工智能发展的“卡脖子”问题。

因此，我国应充分重视人工智能基础软硬件对人工智能发展的作用，建议国家设立专项基金对其进行重点支持，推动人工智能基础软硬件的协同发展。通过提高人工智能系统的感知和数据挖掘能力、研制针对人工智能软件系统专用的硬件和体系架构等，构建我国智能时代的以基础软件、高端芯片和核心器件等关键软硬件为基础的新一代智能信息基础设施，尽早摆脱人工智能基础软硬件依赖进口的现状，全面支撑各领域的智能需求。

5.3 人工智能高水平人才培养

人工智能作为新一轮产业变革的核心驱动力，将进一步释放历次科技革命和产业变革积蓄的巨大能量，对于打造新动能具有重要意义，正成为国际竞争的新焦点和经济发展的新引擎。作为人工智能发展的关键要素，人工智能人才的培养集聚已成为很多国家的战略重点。《新一代人工智能发展规划》指出，我国人工智能尖端人才远远不能满足需求，要把高端人才队伍建设作为人工智能发展的重中之重。

1. 高端人才是人工智能发展的关键和竞争焦点

人工智能理念提出至今，几经起伏，直到最近几年，才终于进入快速突破和实际应用阶段。作为人类社会信息化的又一次高峰，人工智能正加速向各领域全面渗透，将重构生产、分配、交换、消费等经济活动环节，催生新技术、新产品、新产业。

人工智能的发展阶段和技术路线倚重高端人才。当前，人工智能正在从实验室走向市场，处于产业大突破前的技术冲刺和应用摸索时期，部分技术和产业体系还未成熟。在这个阶段，能够推动技术突破和创造性应用的高端人才对产业发展起着至关重要的作用。可以说，人才的质量和数量决定人工智能发展水平和潜力。

对人才的争夺和培养是各国发展人工智能的重要策略。在各国发布的人工智能战略中，人才都是重要组成部分。

2. 人工智能高端人才出现全球性短缺

人工智能人才出现了全球性短缺。从职位供求关系来看，2023 年，仅我国的人工智能人才缺口已达 500 万。从人才薪酬来看，全球人才争夺处于“白热化”状态，人工智能人才的薪酬大幅度高于一般互联网人才。

人工智能人才的稀缺是全球产业变革的结果。人工智能人才问题，本质上是新产业变革带来的劳动能力需求转换所导致的人才结构性短缺。作为新一轮产业变革的核心驱动力和通用技术平台，人工智能将推动各个领域的普遍智能化。在这一过程中，需要大量既熟悉人工智能又了解具体领域的复合型人才。2010 年前后，人工智能在海量数据、机器学习和高计算能力的推动下悄然兴起，2015 年随着图形处理器的广泛应用和大数据技术的迅猛发展而进入爆炸式增长阶段，人才需求的激增导致人才供应的整体短缺。大量资金的投入也造成了资金多、项目少的情况，没有足够的人才来承接市场和政府投入的资源。而此前很多人工智能相关专业处于“冷门”状态，培养的人才数量有限。

目前，全球人工智能领军人才数量与质量均无法满足技术和产业发展的巨大需求。所以，我们不能仅把战略重点放在对全球存量人才的争夺上，要着手设计新的人才培养和人才发展计划。

3. 全球人工智能人才培养与发展呈现新趋势

充足的高质量人才是人工智能深入发展的基础。从全球来看，人工智能人才培养和发展呈现一些新趋势。

（1）学科深度交叉融合

人工智能技术人才主要包括机器学习（深度学习）、算法研究、芯片制造、图像识别、自然语言处理、语音识别、推荐系统、搜索引擎、机器人、自动驾驶等领域的专业技术人才，也包含智能医疗、智能安防、智能制造等应用人才。人工智能是一个综合性的研究领域，具有鲜明的学科融合特点。

从区域来看，多学科的生态系统对人才培养至关重要。伦敦之所以能够拥有大量优秀的人工智能人才，与“伦敦-牛津-剑桥”密集的高校群和学科群生态密切相关。“伦敦-牛津-剑桥”这一黄金三角具有密集的教育研究资源和深厚底蕴。该地区拥有以牛津大学、剑桥大学和伦敦大学学院为中心的人工智能相关学科群，形成了良好的多学科生态。以阿兰·图灵研究所为代表的众多智能研究机构在技术实力上处于全球领先地位，这些高校和研究机构源源不断地培育出全球稀缺的人工智能人才。

从高校内部来看，推动学科交叉是大势所趋。人工智能研究领域的翘楚卡内基梅隆大学（Carnegie Mellon University，CMU）宣布启动 CMU AI 计划，旨在整合校内所有人工智能研究资源，促进跨学院、跨学科的人工智能合作，从而更好地培养人工智能人才，开发人工智能产品。该计划通过解决现实问题来牵引跨学科合作，并把合作落到实处，值得我们借鉴。

（2）产学研深度融合

从研究内容和人才流动来看，科学家需要企业的数据和工程化能力，企业需要高校的研究人才，因此，顶级人才得以在企业和高校间快速流动。谷歌等大公司聘请的高校优秀人才，大多还继续从事研究机构的工作。AlphaGo 项目的负责人戴维·席尔瓦（David Silver），至今仍在伦敦大学学院任教。在赢得人机大战后，他专门回到学校，为学生复盘 AlphaGo 技术，使高校的研究能够与实践应用同步。

从培养模式来看，企业捐助研究，学生到企业实习，高校与产业界可以联合培养人才。元宇宙与纽约大学合作建立了一个致力于数据科学的新中心，纽约大学的博士生可以申请在元宇宙的人工智能实验室长期实习。

从成果转化来看，人工智能领域算法创业的特点是技术成果转化周期非常短，基础研究成果甚至可以直接转化为创业项目。而伦敦原有的积累和储备恰恰契合了以算法和人才为核心的人工智能创新创业的基本特点与规律。英国一些知名的人工智能公司，在单独成立之前都是作为大学的研究项目而存在。随着“明星企业”的不断出现，越来越多与这几所高校有关的人工智能人才加入创业行列，加速推动了伦敦地区的人工智能创业繁荣。

（3）企业成为人工智能人才培养的新阵地

很多企业开始建立自己的人才培养体系，如百度成立深度学习研究院（Institute of Deep Learning，IDL），并在硅谷成立硅谷人工智能实验室等，由此不断产生技术创新，并吸引更多的国际尖端技术人才；百度推出“人工智能 Star 计划”，通过资金、培训、市场、政策等方面措施扶持优秀的人工智能创业团队。

4. 我国在人工智能高端人才方面面临挑战

从国家层面来看，人工智能人才的分布与教育基础、企业数量、投资情况等紧密相关。在总量方面，美国优势明显，高端人才多集中于美国、德国和英国。美国之所以能聚集全球最多的人工智能人才，很大程度上得益于发达的科技产业和雄厚的科研实力。据各方统计，美国的人工智能企业数量占全球人工智能企业总量的 40%以上。同时，美国拥有包括卡内基梅隆大学、斯坦福大学以及麻省理工学院等数十家有影响力的人工智能科研院所。随着美国人工智能的发展，全球科技创新中心硅谷所在的加州、有着金融和媒体产业优势的纽约以及拥有人才优势的波士顿都成为重要的人工智能中心。

综合各方面研究报告，我国人工智能人才总量仅次于美国，但是高端人才较少，原创成果较少。我国人工智能人才主要集中在应用领域，而美国人工智能人才主要集中在基础领域和技术领域。美国在芯片、机器学习应用、自然语言处理、智能无人机、计算机视觉与图像处理等领域的相关人才都远远超过中国。

我国的人工智能科研已经形成了较好的产出和实力，但原创性和有影响力的成果较少。我国在中文信息处理、语音合成与识别、语义理解、生物特征识别等领域处于世界领先水平，国际科技论文发表量和专利居世界第二，部分领域关键核心技术取得突破。2017 年年初，在由人工智能促进协会组织的人工智能国际顶级会议 AAAI 上，我国和美国的投稿数量分别占 31%和 30%。据统计，在 2013—2015 年 SCI 收录的论文中，“深度学习”或“深度神经网络”的文章数量增长了约 6 倍，按照文章数量计算，美国已不再是世界第一；在增加“文章必须至少被引用过一次”条件后，我国在 2014 年和 2015 年都超过了美国。2017 年的顶级人工智能会议 NIPS（Neural Information Processing Systems，神经信息处理系统）录用人工智能相关文章 600 多篇，我国各高校共入选 20 多篇，而纽约大学就有 10 篇入选。

我国的人工智能人才有以下几个特点。

（1）以年轻生力军为主，资深人才短缺。据分析，我国人工智能人才在 28 岁至 37 岁年龄段的占总数的 50%以上。相对而言，我国 48 岁及 48 岁以上的资深人工智能人才占比较少，只有 3.7%，而美国 48 岁以上的资深人才占比为 16.5%。这也是我国当前需要引进大量海外高端人才的原因。

（2）科技公司表现强劲。从国内来看，核心科技公司占据了大部分人才资源。相关数据显示，国内人工智能人才主要集中在百度、阿里巴巴、腾讯、科大讯飞等多家科技领军企业中。其他两类企业也吸纳了大量人才：一是不断涌现的人工智能创业公司；二是将人工智能融入自身业务的企业。跨国公司如微软亚洲研究院等，仍然是优秀人工智能人才的优先选项。

（3）高校仍有很大吸引力。尽管面临领军企业的人才争夺，国内高校对人工智能人才仍有很大的吸引力。数据显示，截至 2016 年年底，中国有 10.7%的人工智能领域从业者曾在高校或研究所工作过，低于美国的 26.7%。

5. 培养人工智能高水平人才的对策建议

培养和集聚人工智能高端人才，要根据人工智能发展规律和趋势，加强顶层设计，综合施策。

（1）科学建设人工智能一级学科。在美国、英国等人工智能发展高地，知名院校大多设有人工智能相关专业和研究方向，而在我国，人工智能专业多分散于计算机和自动化等学科。建议按智能科学范畴建设一级学科，保持弹性和包容性，灵活设置二级学科。适当增加人工智能相关专业招生名额，多渠道筹措培养经费，加强人工智能研究的基础设施建设。

（2）鼓励深度交叉学科研究与人才培养。在重点区域打造优良的学科生态系统，可以借鉴伦敦的相关经验，在北京、上海等高校和学科丰富的地区，打造智能学科群，培养、造就一大批具有国际水平的战略科技人才、科技领军人才、青年科技人才和高水平创新团队，把增强人工智能素养贯穿于整个教育和职业培训体系，培养各类综合人才。

（3）推进产学研合作的新培养模式，发挥领军企业的人才培养作用。鼓励企业创办研究机构，与学校联合建设实验室，培养人才；针对我国研究机构散而小的问题，成立公私合作的国际化、实体性、规模化的非营利性研究机构，鼓励研究人员在高校与企业之间流动；鼓励创业创新，促进人工智能成果转化和产业化。

（4）鼓励精准引进一流人才，鼓励企业和高校院所联合引进人才。引导国内创新人才、团队，加强与全球顶尖人工智能研究机构合作互动。积极引进国际一流的研究机构，加大研究合作的国际化水平。制定专门政策，实现人工智能高端人才精准引进，支持企业和高校联合引进世界一流领军人才。重点引进神经认知、机器学习、自动驾

驶、智能机器人等国际顶尖科学家和高水平创新团队。

（5）抢抓新一轮留学回国人才潮机遇。大量从美国、英国和日本留学回来的人才成为我国人工智能的重要力量。当前，我国人工智能发展势头强劲、市场广阔、资金充沛，我们要积极吸引海外相关人才回国创新创业，共同推动我国人工智能技术取得突破性进展。